U0245554

高职高专土建类系列教材
"互联网+"创新系列教材

建设工程招投标与合同管理

主　编　尹今朝

副主编　吴丽花　童慧芝　刘　昊

北京航空航天大学出版社

内 容 简 介

本书为"十四五"高职高专规划教材,土建——"互联网+"创新系列教材。全书共 7 章,主要内容包括建设工程招投标概述,建设工程招标,建设工程投标,建设工程开标、评标、定标,建设工程施工合同,建设工程施工合同管理,建设工程施工索赔管理。每章均设有技能目标和与本章相关的案例作为引例,以及配套的学习资源,并附有练习题。

本书可作为高等职业院校、高等专科学校建筑工程技术专业及相关专业的教材。

图书在版编目(CIP)数据

建设工程招投标与合同管理 / 尹今朝主编. -- 北京 ：
北京航空航天大学出版社,2021.5
ISBN 978 - 7 - 5124 - 3521 - 6

Ⅰ. ①建… Ⅱ. ①尹… Ⅲ. ①建筑工程－招标－高等
职业教育－教材②建筑工程－投标－高等职业教育－教材
③建筑工程－合同－高等职业教育－教材 Ⅳ. ①TU723

中国版本图书馆 CIP 数据核字(2021)第 091874 号

建设工程招投标与合同管理
主 编 尹今朝
副主编 吴丽花 童慧芝 刘 昊
策划编辑 王红樱 责任编辑 周华玲
*
北京航空航天大学出版社出版发行

北京市海淀区学院路 37 号(邮编 100191) http://www.buaapress.com.cn
发行部电话:(010)82317024 传真:(010)82328026
读者信箱: copyrights@buaacm.com.cn 邮购电话:(010)82316936
三河市华骏印务包装有限公司印装 各地书店经销
*
开本:710×1 000 1/16 印张:14.75 字数:314 千字
2021 年 6 月第 1 版 2021 年 6 月第 1 次印刷
ISBN 978 - 7 - 5124 - 3521 - 6 定价:59.00 元

前 言

    "建设工程招投标与合同管理"是高职高专工程管理类、工程技术类、工程造价类专业的核心课程。课程任务是：使学生能够依据相关的法律、法规和相关的建设工程资料，完成某些特定工程的施工招投标文件的编制、施工合同文件的拟定等工作；使学生具备组织或参与工程施工招投标、参加合同谈判和进行施工索赔的能力；提高学生的人际交往能力和组织管理能力，为培养学生的职业能力创造条件。

    本书是根据现行的《中华人民共和国招标投标法》《中华人民共和国合同法》《建设工程施工合同示范文本》等与工程建设相关的法律、法规、规范编写的。在内容编写上，注重理论联系实际，通过应用案例突出对实际问题的分析能力的培养；在能力训练上，通过编写案例分析，突出对建设工程招投标与合同管理实际技能的培养。

    全书由尹今朝统稿并定稿。本书在编写过程中得到了浙江同济科技职业学院张炜、刘珊、吴秋水、刘昊及吴丽花老师的大力支持，在此表示由衷的感谢；同时参考了众多的书籍、期刊，在此特向相关作者表示感谢。限于作者水平，加之时间仓促，书中不足和错误之处恳请读者斧正，以期共同进步。

作 者

2021 年 2 月 28 日

目　　　录

第 1 章
建设工程招投标概述

【技能目标】

建设市场是市场体系的重要组成部分,要求学生对建设市场的概念,建设市场的交易活动,建设项目的前期工作,工程项目承发包的概念,承发包业务的形成与发展,工程项目承发包的模式,工程项目招投标的概念、特点、范围,招投标活动的主要参与者等内容进行学习后,掌握工程承发包的概念和内容,招投标的分类及特点,熟悉建设工程交易中心的职能和运作程序,熟悉建设市场的资质管理,掌握工程项目的承发包模式,能够运用已有知识,分析工程特征,选择适当的承发包模式。

【任务项目引入】

走访当地建设工程交易中心,了解当地工程建设招标投标工作流程,掌握建设工程交易中心的主要职责,并编制走访报告。

【任务项目实施分析】

通过学习建设市场的概念、特征及管理,建设项目的基本建设程序,招投标的概念及相应的法律条款等内容,能准确判断建设市场中的不规范或违法行为,能够参与编制简单的可行性研究报告。

1.1 我国建设市场概述

1.1.1 建设市场的概念

建设市场是以工程承发包交易活动为主要内容的市场,是建筑产品交换关系的总和,一般称为建设工程市场或建设市场。

1. 广义的建设市场和狭义的建设市场

建设市场有狭义和广义之分。狭义的建设市场是指以建筑产品交换为内容的市场,它主要表现为建设项目业主通过招投标过程与承包商形成商品交换关系。狭义的建设市场一般指有形建设工程市场,即建设工程交易中心,是单一型的建设工程市场。广义的建设市场除有形建设市场外,还包括与建筑产品生产与交换相联系的无形建设工程市场,即勘察设计市场、建筑生产资料市场、资金市场,以及从事招标代理、工程监理和造价咨询等中介服务的市场,由此形成建设市场体系。

由于建筑产品具有生产周期长、价值量大、生产过程的不同阶段对承包方的能力和要求不同等特点,决定了建设市场交易贯穿于建筑产品生产的整个过程。从工程建设的咨询、设计、施工任务的发包开始,一直到工程竣工、保修期结束为止,发包方与承包方、分包方进行的各种交易,以及相关的商品混凝土供应、构配件生产、建筑机械租赁等活动,都是在建设市场中进行的。生产活动和交易活动交织在一起,使得建设市场在许多方面不同于其他产品市场。

建设市场经过近几年的发展,已形成:由发包方、承包方、为双方服务的咨询服务者和市场组织管理者组成的市场主体;由建筑产品和建筑生产过程为对象组成的市场客体;由招投标为主要交易形式的市场竞争机制;由企业资质管理和从业人员资格管理为主要内容的市场监督管理体系;我国特有的有形建设市场等。

2. 建设市场的特点

我国的建设市场体系具有以下特点:

(1) 建筑产品供求双方直接订货交易

建设工程市场的这一特点,是由建筑产品的单件性和固定性决定的。市场上所需要的建筑产品的特征并不是由生产者决定的,而是由业主的特定需要决定的。在建设工程市场中,并不以具有实物形态的建筑产品作为交易对象,而是通过招投标先确定交易关系,然后按业主的要求进行施工生产。

(2) 建筑产品交易量的不稳定性和易于出现买方市场

建设工程市场最容易受到国家固定资产投资规模的影响。当社会经济发展速度较快时,建筑产品交易量就不断增大;而当社会经济发展处于调整与停滞时期时,由于固定资产投资规模减小,就会使建筑产品交易量不断减小。因而建设市场形势与国民经济形势紧密相关。从目前固定资产的投资规模与建筑行业从业人员的数量看,从业人员队伍的数量偏大,这就决定了目前建设工程市场在某种程度上是买方市场。

(3) 以招投标为主的不完全竞争市场

为了给建设工程市场引入竞争机制,杜绝国有资产投资建设发包中的腐败现象,提高国有资产投资效益,同时也为了与国际工程市场接轨,我国于20世纪90年代初全面推行招投标制。1999年,我国出台了《中华人民共和国招标投标法》,进一步规范了市场招投标行为,从而使我国建设工程承发包市场朝着透明化、健康化和法制化方向发展。但是由于建筑产品的地域性、发包方的行业性和建筑产品自身的特殊性,以及对施工资质的要求,决定了业主在发包时必然会对承包方的投标行为设立很多

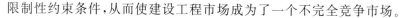

限制性约束条件,从而使建设工程市场成为了一个不完全竞争市场。

(4) 建设工程市场有其独特的定价方式

建筑产品定价方式从目前的情况看有两种:一种是施工图预算定价方式,即按全国统一的建筑工程基础定额计算施工图纸的工程量,结合地方的单位估价表和建筑材料价格计算工程造价,在此基础上进行投标报价;另一种方式是根据业主给定的工程量清单由承包商自行制定综合单价,并汇总报价。自2003年国家颁布《建设工程工程量清单计价规范》后,国有投资项目必须采用工程量清单招标与报价方式。

(5) 建设工程市场有严格的市场准入制度

为了保证建设工程市场的有序,建设行政主管部门与行业协会都明文制定了相应的市场准入制度和生产经营规则,以规范业主、承包商及中介服务组织的生产经营行为。

3. 建设市场管理体制

建设市场管理体制因社会制度、国情的不同,其管理内容也各具特色。例如,美国没有专门的建设主管部门,相应的职能由其他各部设立的专门的分支机构解决;在俄罗斯,管理并不具体针对行业,很多为规范市场行为制定的法令,如《公司法》《合同法》《企业破产法》《反垄断法》等并不仅限于建设市场管理。日本则有针对性比较强的法律,如《建设业法》《建筑基准法》等,对建筑物的安全性、审查培训制度、从业管理等均有详细规定,政府按照法律规定行使检查监督权。

很多发达国家的建设主管部门在企业的行政管理中并不占据重要的地位。政府的作用是建立有效、公平的建设市场,提高行业服务质量和促进建筑生产活动的安全、健康,推进整个行业的良性发展,而不是过多地干预企业的经营和生产。对建筑业的管理主要通过政府引导、法律规范、市场调节、行业自律、专业组织辅助管理来实现,在市场机制下,经济手段和法律手段成为约束企业行为的首选方式,法制是政府管理的基础。

在管理职能方面,立法机构负责法律、法规的制定和颁布;行政机关负责监督检查,并对发展规划和有关事项作出批准;司法部门负责执法和处理。此外,作为整个管理体制的补充,其行业协会和一些专业组织也承担了相当一部分工作,如制定有关技术标准、对合同进行仲裁等。建设市场管理以国家颁布的法律为基础,地方政府往往也制定相对独立的法规。

我国的建设市场管理体制是建立在社会主义公有制基础之上的。计划经济时期,无论是建设单位,还是施工企业、材料供应部门,均隶属于不同的政府管理部门,各个政府部门主要是通过行政手段管理企业和企业行为,在一些基础设施部门则形成所谓的行业垄断。改革开放以后,虽然政府机构进行了多次调整,但分行业进行管理的格局基本没有改变。国家各个部委均有本行业关于建设管理的规章,有各自的勘察、设计、施工、招标投标、质量监督等一套管理制度,形成对建设市场的分割。随着社会主义市场经济体制的逐步建立,政府在机构设置上也进行了很大的调整,除保留了少量的行业管理部门外,撤销了众多的专业政府部门,并将政府部门与所属企业脱钩,为建设市场管理体制的改革提供了良好的条件,使原先的部门管理逐步向行业管理转变。

1.1.2 建设市场的主体与客体

1. 建设市场的主体

建设市场的主体是指参与建筑生产交易过程的各方,包括业主(政府部门、企事业单位、房地产开发公司和个人)、勘察单位、设计单位、施工企业、监理公司、混凝土构配件及非标准预制件等生产厂家、商品混凝土供应站、建筑机械租赁单位、专门提供建筑劳务的企业,以及为市场主体服务的各种中介机构。

(1) 业 主

业主是指既有某项工程建设需求,又具有该项工程建设相应的建设资金和各种准建手续,在建设市场中发包工程建设的勘察、设计、施工任务,并最终得到建筑产品的政府部门、企事业单位或个人。

① 项目业主的产生。项目业主的产生主要有三种方式:

a. 业主是原企业或单位。若是企业或机关、事业单位投资新建、扩建、改建工程,则该企业或单位即为项目业主。

b. 业主是联合投资董事会。若是由不同的投资方参股或共同投资某项目,则业主是共同投资方组成的董事会或管理委员会。

c. 业主是各类开发公司。开发公司自行融资或由投资方协商组建或委托开发的工程公司也可成为业主。

② 项目业主的主要职能。业主在项目建设过程中的主要职能如下:

a. 建设项目可行性研究与决策;

b. 建设项目的资金筹措与管理;

c. 建设项目的招标与合同管理;

d. 建设项目的施工与质量管理;

e. 建设项目的竣工验收和试运行;

f. 建设项目的统计及文档管理。

(2) 承包商

承包商是指拥有一定数量的建筑装备、流动资金、工程技术和经济管理人员,并取得了建设资质证书和营业执照,能够按照业主的要求提供不同形态的建筑产品并最终得到相应工程价款的施工企业。

① 承包商应具备的条件。承包商从事建设生产,一般需具备三个方面的条件:有符合国家规定的注册资本;有与其从事的建筑活动相适应的具有法定执业资格的

专业技术人员;有从事相应建筑活动所应有的技术装备。

② 承包商的实力。承包商的实力主要包括四个方面:技术方面的实力;经济方面的实力;管理方面的实力;信誉方面的实力。

（3）工程咨询服务机构

工程咨询服务机构是指具有一定的注册资金和相应的工程技术、经济管理人员,取得了建设咨询证书和营业执照,能为工程建设提供估算测量、管理咨询、建设监理等智力型服务并获取相应费用的企业。工程咨询服务包括勘察设计、工程造价(测量)、工程管理、招标代理、工程监理等多种业务。

工程咨询服务机构因其独特的职业特点和在项目实施中所处的地位,须承担相应的风险,主要包括以下三个方面。

① 来自业主的风险:业主希望少花钱、多办事;可行性研究缺乏严肃性;盲目干预。

② 来自承包商的风险:承包商出于自身利益考虑,常常会有种种不正当行为,给工程师的工作带来困难,甚至导致咨询单位承受重大的风险。来自承包商的风险包括承包商缺乏职业道德;承包商素质太差;承包商投标不诚实。

③ 来自职业责任的风险:工程咨询服务机构要求其能承担重大的职业责任风险。这种职业责任风险一般包括设计错误或不完善;投资概算和预算不准;自身能力和水平不适应。

（4）其他主体

除了业主、承包商、工程咨询服务机构是建设市场的主要主体以外,其他单位也可成为建设市场的主体,例如银行、保险公司、物资供应商等。它们与业主一样,只有在置身于建设市场时才成为建设市场的主体。所以,一般情况下它们不存在资质问题,但可能存在行业准入的问题。

2．建设市场的客体

建设市场的客体,一般称作建筑产品,是建设市场的交易对象,既包括有形建筑产品,也包括无形产品——各类智力型服务。

建筑产品不同于一般工业产品,因为建筑产品本身及其生产过程,具有不同于其他工业产品的特点。在不同的生产交易阶段,建筑产品表现为不同的形态,其可以是咨询公司提供的咨询报告、咨询意见或其他服务;也可以是勘察设计单位提供的设计方案、施工图纸、勘察报告;还可以是生产厂家提供的混凝土构件,当然也包括承包商建造的各类建筑物和构筑物。

（1）建筑产品的特点

建筑产品一般具有如下特点:

① 建筑产品的固定性和生产过程的流动性。建筑物与土地相连,不可移动,这就要求施工人员和施工机械只能随建筑物不断流动,从而带来施工管理的多变性和

复杂性。

② 建筑产品的单件性。由于业主对建筑产品的用途、性能要求不同,以及建设地点的差异,决定了多数建筑产品都需要单独进行设计,不能批量生产。建设市场的买方只能通过选择建筑产品的生产单位来完成交易。无论是设计、施工,还是管理服务,发包方都只能以招标的方式向一个或一个以上的承包商提出自己对建筑产品的要求,并通过承包商之间在价格以及其他条件上的竞争,来确定承发包关系。业主选择的不是产品,而是产品的生产单位。

③ 建筑产品的整体性和分部、分项工程的相对独立性。这个特点决定了总包和分包相结合的特殊承包形式。随着经济的发展和建筑技术的进步,施工生产的专业性越来越强。在建筑生产中,由各种专业施工企业分别承担工程的土建、安装、装饰、劳务分包,有利于提高施工生产技术和效率。

④ 建筑生产的不可逆性。建筑产品一旦进入生产阶段,其产品不可能退换,也难以重新建造,否则双方都将承受极大的损失。所以,建筑生产的最终产品质量是由各阶段成果的质量决定的。设计、施工必须按照规范和标准进行,才能保证生产出合格的建筑产品。

⑤ 建筑产品的社会性。绝大部分建筑产品都具有相当广泛的社会性,涉及公众的利益和生命财产的安全。即使是私人住宅,也会影响到环境,影响到进入或靠近它的人员的生活和安全。政府作为公众利益的代表,加强对建筑产品的规划、设计、交易、建造的管理是非常必要的,有关工程建设的市场行为都应受到管理部门的监督和审查。

(2) 建筑产品的商品属性

长期以来,受计划经济体制的影响,工程建设由工程指挥部管理,工程任务由行政部门分配,建筑产品价格由国家规定,抹杀了建筑产品的商品属性。

改革开放以后,由于推行了一系列以市场为取向的改革措施,建筑企业成为独立的生产单位,建设投资由国家拨款改为多种渠道筹措,市场竞争代替行政分配任务,建筑产品价格也逐步走向以市场形成价格的价格机制,建筑产品的商品属性的观念已为大家所认识。这成为建设市场发展的基础,并推动了建设市场的价格机制、竞争机制和供求机制的形成,使实力强、素质高、经营好的建筑企业在市场上更具竞争性,能够更快地发展,实现资源的优化配置,提高了全社会的生产力水平。

(3) 工程建设标准的法定性

建筑产品的质量不仅关系到承发包双方的利益,也关系到国家和社会的公共利益,正是由于建筑产品的这种特殊性,所以其质量标准均是以国家标准、国家规范等形式颁布实施的。从事建筑产品生产必须遵守这些标准和规范,违反这些标准和规范的将受到国家法律的制裁。

工程建设标准涉及面很广,包括房屋建筑、交通运输、水利、电力、通信、采矿冶炼、石油化工、市政公用设施等诸方面。工程建设标准是指对工程勘察、设计、施工、

验收、质量检验等各个环节的技术要求,包括五个方面的内容:

① 工程建设勘察、设计、施工及验收等的质量要求和方法。

② 与工程建设有关的安全、卫生、环境保护的技术要求。

③ 工程建设的术语、符号、代号、量与单位、建筑模数和制图方法。

④ 工程建设的试验、检验和评定方法。

⑤ 工程建设的信息技术要求。

在具体形式上,工程建设标准包括标准、规范、规程等。工程建设标准的独特作用就在于,一方面通过有关的标准、规范为相应的专业技术人员提供需要遵循的技术要求和方法;另一方面,由于标准的法律属性和权威属性,保证了从事工程建设的有关人员按照规定去执行,从而为保证工程质量打下基础。

1.1.3 建设市场的资质管理

建设市场的资质管理包括两类:一类是对从业企业的资质管理;另一类是对专业人员的资格管理。

1. 从业企业的资质管理

(1) 勘察企业的资质管理

《建设工程勘察设计资质管理规定》(原建设部令第160号)中规定,工程勘察资质分为工程勘察综合资质、工程勘察专业资质、工程勘察劳务资质。

工程勘察综合资质只设甲级;工程勘察专业资质设甲级、乙级,根据工程性质和技术特点,部分专业可以设丙级;工程勘察劳务资质不分等级。

取得工程勘察综合资质的企业,可以承接各专业(海洋工程勘察除外)、各等级工程勘察业务;取得工程勘察专业资质的企业,可以承接相应等级、相应专业的工程勘察业务;取得工程勘察劳务资质的企业,可以承接岩土工程治理、工程钻探、凿井等工程勘察劳务业务。

(2) 设计企业的资质管理

《建设工程勘察设计资质管理规定》中规定,工程设计资质分为工程设计综合资质、工程设计行业资质、工程设计专业资质和工程设计专项资质。

工程设计综合资质只设甲级;工程设计行业资质、工程设计专业资质、工程设计专项资质则设甲级、乙级。根据工程性质和技术特点,个别行业、专业、专项资质可以设丙级,建筑工程专业资质可以设丁级。

取得工程设计综合资质的企业,可以承接各行业、各等级的建设工程设计业务;取得工程设计行业资质的企业,可以承接相应行业、相应等级的工程设计业务及本行业范围内同级别的相应专业、专项(设计施工一体化资质除外)工程设计业务;取得工程设计专业资质的企业,可以承接本专业相应等级的专业工程设计业务及同级别的相应专项工程设计业务(设计施工一体化资质除外);取得工程设计专项资质的企业,可以承接本专项相应等级的专项工程设计业务。

（3）建筑业企业的资质管理

住房和城乡建设部印发的《建筑业企业资质标准》（建市〔2014〕159号）中规定，建筑业企业资质分为施工总承包、专业承包和施工劳务三个序列。其中施工总承包序列设有12个类别，一般分为4个等级（特级、一级、二级、三级）；专业承包序列设有36个类别，一般分为3个等级（一级、二级、三级）；施工劳务序列不分类别和等级。

施工总承包工程应由取得相应施工总承包资质的企业承担。取得施工总承包资质的企业可以对所承接的施工总承包工程内各专业工程全部自行施工，也可以将专业工程依法进行分包。对设有资质的专业工程进行分包时，应分包给具有相应专业承包资质的企业。施工总承包企业将劳务作业分包时，应分包给具有施工劳务资质的企业。

设有专业承包资质的专业工程单独发包时，应由取得相应专业承包资质及承包工程范围资质的企业承担。取得专业承包资质的企业可以承接具有施工总承包资质的企业依法分包的专业工程或建设单位依法发包的专业工程。取得专业承包资质的企业应对所承接的专业工程全部自行组织施工，劳务作业可以分包，但应分包给具有施工劳务资质的企业。

取得施工劳务资质的企业可以承接具有施工总承包资质或专业承包资质的企业分包的劳务作业。

（4）工程监理企业的资质管理

《工程监理企业资质管理规定》（原建设部令第158号）中规定，工程监理企业资质分为综合资质、专业资质和事务所资质。其中，专业资质按照工程性质和技术特点划分为若干工程类别。

综合资质、事务所资质不分级别；专业资质分为甲级、乙级，其中房屋建筑、水利水电、公路和市政公用专业资质可设立丙级。

（5）工程建设招投标代理机构的资质管理

住房城乡建设部办公厅《关于取消工程建设项目招标代理机构资格认定　加强事中事后监管的通知》（建办市〔2017〕77号文）中规定，为了深入推进工程建设领域"放管服"改革，加强工程建设项目招标代理机构事中事后监管，规范工程招标代理行为，维护建设市场秩序，通知如下有关事项：

① 停止招标代理机构资格申请受理和审批。自2017年12月28日起，各级住房城乡建设部门不再受理招标代理机构资格认定申请，停止招标代理机构资格审批。

② 建立信息报送和公开制度。招标代理机构可按照自愿原则向工商注册所在地省级建设市场监管一体化工作平台报送基本信息。信息内容包括营业执照相关信息、注册执业人员、具有工程建设类职称的专职人员、近3年代表性业绩、联系方式。上述信息统一在住房和城乡建设部全国建设市场监管公共服务平台（以下简称公共服务平台）对外公开，供招标人根据工程项目实际情况选择参考。

③ 规范工程招标代理行为。招标代理机构应当与招标人签订工程招标代理书面委托合同,并在合同约定的范围内依法开展工程招标代理活动。招标代理机构及其从业人员应当严格按照招标投标法、招标投标法实施条例等相关法律法规开展工程招标代理活动,并对工程招标代理业务承担相应责任。

④ 强化工程招投标活动的监管。各级建设主管部门要加大房屋建筑和市政基础设施招投标活动的监管力度,推进电子招投标,加强招标代理机构行为监管,严格依法查处招标代理机构违法违规行为,及时归集相关处罚信息并向社会公开,切实维护建设市场秩序。

⑤ 加强信用体系建设。加快推进省级建设市场监管一体化工作平台建设,规范招标代理机构信用信息采集、报送机制,加大信息公开力度,强化信用信息应用,推进部门之间信用信息共享共用。加快建立失信联合惩戒机制,强化信用对招标代理机构的约束作用,构建"一处失信、处处受制"的市场环境。

⑥ 加大投诉举报查处力度。各级建设主管部门要建立健全公平、高效的投诉举报处理机制,严格按照《工程建设项目招标投标活动投诉处理办法》相关规定,及时受理并依法处理房屋建筑和市政基础设施建设领域的招投标投诉举报,保护招投标活动当事人的合法权益,维护招投标活动的正常市场秩序。

⑦ 推进行业自律。充分发挥行业协会对促进工程建设项目招标代理行业规范发展的重要作用。支持行业协会研究制定从业机构和从业人员行为规范,发布行业自律公约,加强对招标代理机构和从业人员行为的约束和管理。鼓励行业协会开展招标代理机构资信评价和从业人员培训工作,提升招标代理服务能力。

(6) 工程造价咨询机构的资质管理

《工程造价咨询企业管理办法》(原建设部令第 149 号)中规定,工程造价咨询企业资质等级分为甲级、乙级。

2. 专业人员的资格管理

在建设市场中,把具有从事工程咨询资格的专业工程师称为专业人员。

专业人员在建设市场管理中起着非常重要的作用。由于他们的工作水平对工程项目建设的成败具有重要的影响,因此对专业人员的资格条件要求很高。

(1) 专业人员的责任

专业人员属于高智能工作者。专业人员的工作是利用他们的知识和技能为项目业主提供咨询服务,并对其所提供的咨询活动直接造成的后果负责。

(2) 专业人员组织

在发达国家和地区,政府对建设市场的许多微观管理职能是由各种形式的专业协会组织实施的,这些专业协会在整个建筑管理体制中起着举足轻重的作用。所以,发达国家在这方面有"小政府、大协会"之称。专业人员与专业人员组织在建设市场管理中的关系如图 1-1 所示。

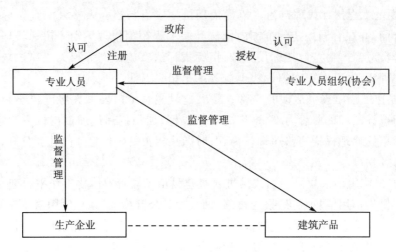

图1-1 专业人员与专业人员组织在建设市场管理中的关系

（3）专业人员的资格认定

由于各国情况不同，专业人员的资格有的由学会或协会负责（以欧洲一些国家为代表）授予和管理，有的则由政府负责确认和管理。

为推进职业资格制度改革，进一步减少和规范职业资格许可和认定事项，国家建立了职业资格目录清单，清单之外的一律不得许可和认定职业资格。人力资源社会保障部印发的《关于公布国家职业资格目录的通知》中公布了139项国家职业资格。其中，专业技术人员职业资格58项（含准入类35项，水平评价类23项）。

国家职业资格目录

1.1.4 建设工程交易中心

建设工程交易中心是我国近几年来在改革中出现的使建设市场有形化的一种新型管理方式，这种管理方式在世界上是独一无二的，是具有开创性意义的。

建设工程从投资性质上分为两大类：一类是国家投资项目；另一类是私人投资项目。在西方发达国家，私人投资占了绝大多数，工程项目管理是业主自己的事情，政府只是从宏观角度监督其是否依法建设。对国有投资项目，一般会设置专门的管理部门，代为行使业主的职能。

我国是以社会主义公有制为主体的国家，政府部门、国有企业、事业单位投资在社会投资中占有主导地位。所以，建设单位所使用的大都是国有投资，由于目前我国国有资产管理体制的不完善和建设单位内部管理制度的薄弱，在工程发包中很容易出现腐败现象和不正之风。针对上述情况，我国建设工程的承发包管理不能照搬西方发达国家的做法，既不能像对私人投资那样放任不管，也不可能由某几个或者一个政府部门来管理。所以我国近几年出现了建设工程交易中心，把所有代表国家或国有企事业单位投资的业主请进建设工程交易中心进行招标,设置专门的监督机构,这成为我国解决国有建设项目交易透明度差的问题和加强建设市场管理的一种独特方式。

1. 建设工程交易中心的性质与作用

有形建设市场的出现,促进了我国工程招投标制度的推行。但是,在建设工程交易中心出现之初,人们对其性质的认识存在两种看法:一种观点认为,建设工程交易中心是经政府授权的具备管理职能的机构,负责对工程交易活动实行监督管理;另一种观点认为,建设工程交易中心是服务性机构,不具备管理职能。这两种认识体现了在具有中国特色的市场经济条件下创建管理体制的一种探索过程。

(1) 建设工程交易中心的性质

建设工程交易中心是服务性机构,不是政府管理部门,也不是政府授权的监督机构,本身并不具备监督管理职能。但建设工程交易中心又不是一般意义上的服务机构,它的设立需要得到政府或者政府授权主管部门的批准,并非是任何单位和个人可随意成立的;它不以营利为目的,旨在为建立公开、公正、平等竞争的招投标制度服务,只可经批准收取一定的服务费。建设工程交易行为不能在场外发生。

(2) 建设工程交易中心的作用

按照我国有关法律的规定,所有建设项目都要在建设工程交易中心内报建、发布招标信息、进行合同授予、申领施工许可证。招投标活动都需在场内进行,并接受政府有关管理部门的监督。应该说建设工程交易中心的设立,对国有投资的监督制约机制的建立、规范建筑工程承发包行为、将建设市场纳入法制化的管理轨道起着至关重要的作用,是符合我国建筑行业特点的一种好的形式。

建设工程交易中心建立以来,由于实行集中办公、公开办事制度和程序,以及一条龙的"窗口"服务,不仅有力地促进了工程招投标制度的推行,而且还遏制了违法违规行为的发生,为防止腐败、提高管理透明度发挥了重要的作用。

2. 建设工程交易中心的基本功能

我国的建设工程交易中心是按照三大功能进行构建的,即信息服务功能、场所服务功能、集中办公功能(见表1-1)。

表1-1　建设工程交易中心的基本功能

功　　能	服务内容
信息服务功能	配备显示墙、计算机信息管理系统等设施,进行工程交易信息的发布、传递、收集、查询,以及中标公示、违规曝光、处罚公告等
场所服务功能	设有信息发布大厅、洽谈室、封闭评标室、开标室、会议室等设施,以满足交易双方招标评标、定标、合同谈判等工作的需要。设有办公室、资料室等,为政府有关部门提供集中办公的场所

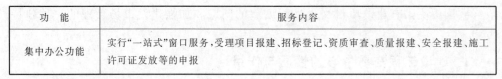

功　能	服务内容
集中办公功能	实行"一站式"窗口服务,受理项目报建、招标登记、资质审查、质量报建、安全报建、施工许可证发放等的申报

（1）信息服务功能

建设工程交易中心的信息服务功能包括收集、存储和发布各类工程信息、法律法规、造价信息、建材价格、承包商信息、咨询单位和专业人士信息等。建设工程交易中心在设施配置上配备有大型电子墙、计算机网络工作站,能够为建筑工程承发包交易提供广泛的信息服务。

建设工程交易中心一般要定期公布工程造价指数和建筑材料价格、人工费、机械租赁费、工程咨询费以及各类工程指导价等,用以指导业主和承包商、咨询单位进行投资控制和投资报价。但在市场经济条件下,建设工程交易中心所公布的价格指数仅是一种参考,投标最终报价还是需要依靠承包商根据本企业的经验或者"企业定额"、企业的机械装备和生产效率、管理能力和市场竞争的需要来决定。

（2）场所服务功能

对于政府部门及国有企业、事业单位的投资项目,我国法律法规明确规定,一般情况下都必须进行公开招标,只有在特殊情况下才允许采用邀请招标。所有的建设工程项目进行招投标都必须在有形的建设市场内进行,必须由有关的管理部门进行监督。按照这一要求,建设工程交易中心必须为工程承发包交易双方之间进行的包括建设工程的招标、评标、定标、合同谈判等活动提供设施和场所服务。建设部颁布的《建设工程交易中心管理办法》规定,建设工程交易中心应该具有信息发布大厅、洽谈室、开标室、会议室及相关设施,以满足业主和承包商、分包商、设备材料供应商之间交易的需要,同时也要为政府的有关管理部门进驻集中办公、办理相关手续和依法监督招标投标活动提供场所服务。

（3）集中办公功能

由于众多的建设项目要进入有形的建设市场进行报建、招投标交易和办理有关的批准手续,这样就要求政府有关建设行政管理部门进驻建设工程交易中心,集中办理有关申报审批手续和进行相关管理。受理申报的内容一般包括工程报建、招标登记、承包商资质审查、合同登记、质量报监、施工许可证发放等。进驻建设工程交易中心的相关政府管理部门集中办公,公布各自的办事制度和程序,一般都要求实行"窗口化"服务,既能按职责依法对建设工程交易活动进行有力监督,也可方便当事人办事,有利于提高办公效率。

3. 建设工程交易中心的运行原则

为了保证建设工程交易中心能够良好运行并充分发挥市场功能,必须按照经济规律,坚持市场运行的基本原则。

(1) 信息公开原则

建设工程交易中心必须充分掌握国家的政策法规,工程发包方、承包商和咨询单位的资质,造价指数,招标规则,评标标准,专家评委库等各项相关信息,并保证市场各方主体都能够及时获得所需要的有效的信息资料。

(2) 依法管理原则

建设工程交易中心应该严格按照法律、法规开展工作,尊重建设单位依照法律规定选择投标单位和选择中标单位的权利,尊重符合资质条件的建筑企业提出的投标要求和接受邀请参加投标的权利。任何单位和个人都不得非法干预交易活动的正常进行。监察机关也应当依法进驻建设工程交易中心实施监督。总之,建设工程交易中心的一切活动都应该在法律规定的框架内进行。

(3) 公平竞争原则

公平竞争是社会主义市场经济的基本要求。建设市场也不例外,所以,建立公平竞争的市场秩序是建设工程交易中心的一项重要原则。进驻建设工程交易中心的有关行政监督管理部门应严格监督招标、投标单位的行为,防止地方保护主义、行业和部门垄断、官商勾结等各种不正当竞争行为的发生,不得侵犯交易活动各方的合法权益。

(4) 办事公正原则

建设工程交易中心是政府行政主管部门批准建立的服务性机构,须配合进场后的各行政管理部门做好相应的工程交易活动管理和服务工作。要建立监督制约机制,公开办事规则和程序,制定完善的规章制度和工作人员守则。一旦发现建设工程交易活动中存在违法违规行为,应当向政府有关管理部门报告,并协助处理。

(5) 属地进入原则

按照我国有关建设市场的管理规定,建设工程交易遵循属地进入原则。每个城市原则上只能设立一个建设工程交易中心;特大城市可以根据需要,设立区域性分中心,区域性分中心在业务上受中心的领导。对于跨省、自治区、直辖市的铁路、公路、水利等工程,可在政府有关部门的监督下,通过公告由项目法人组织招标、投标。

杭州建设工程交易中心

4. 建设工程交易中心运作的一般程序

按照有关规定,建设项目进入建设工程交易中心后,一般按照图1-2所示的程序运行。

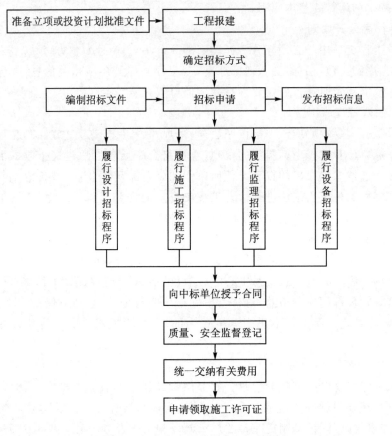

图 1-2　建设工程交易中心运行程序

1.2　建设项目前期工作

1.2.1　工程项目建设的基本建设程序

工程项目建设程序是指工程项目从策划、评估、决策、设计、施工到竣工验收、投入生产或交付使用的整个建设过程,各项工作必须遵循的先后工作次序。工程项目建设程序是工程建设过程客观规律的反映,是建设工程项目科学决策和顺利进行的重要保证。

1.　投资决策阶段

建设项目投资决策是通过对拟建项目的必要性和可行性进行技术经济论证,选择和决定投资行动方案的过程,也是对不同建设方案进行技术和经济比较及做出判断和决定的过程。投资决策并非一次性完成,而是建立在一系列由粗到细、由浅入深的调查与研究之上,一般包括项目立项(项目建议书)、可行性研究等阶段。

2. 实施阶段

(1) 规划工作

① 办理选址意见书。选址意见书是城乡规划行政主管部门依法核发的有关建设项目的选址和布局的法律凭证。《中华人民共和国城乡规划法》第三十六条规定:按照国家规定需要有关部门批准或者核准的建设项目,以划拨方式提供国有土地使用权的,建设单位在报送有关部门批准或者核准前,应当向城乡规划主管部门申请核发选址意见书。

② 办理建设用地规划许可证。建设用地规划许可证是建设单位在向土地管理部门申请征用、划拨土地前,经城市规划行政主管部门确认建设项目位置和范围符合城市规划的法定凭证,是建设单位用地的法律凭证。《中华人民共和国城乡规划法》第三十七条规定:在城市、镇规划区内以划拨方式提供国有土地使用权的建设项目,经有关部门批准、核准、备案后,建设单位应向城市、县人民政府城乡规划主管部门提出建设用地规划许可申请,由城市、县人民政府城乡规划主管部门依据控制性详细规划核定建设用地的位置、面积、允许建设的范围,核发建设用地规划许可证。

③ 办理建设工程规划许可证。非房建项目直接进窗口申报建设工程规划许可证,房建项目还需要经过并联审查、放线、核面积指标、上定位图等程序后再申办建设工程规划许可证。

建设工程规划许可证是由城市规划行政主管部门依法核发的,是确认有关建设工程符合城市规划要求的法律凭证。建设工程规划许可证是有关建设工程符合城市规划要求的法律凭证,是建设单位建设工程的法律凭证,是建设活动中接受监督检查时的法定依据。没有此证的建设单位,其工程建筑是违章建筑,不能领取房地产权属证件。

(2) 设计工作

一般建设项目设计过程划分为初步设计和施工图设计两个阶段,重大项目和技术负责项目可根据需要增加技术设计阶段。

① 初步设计。初步设计的内容依项目的类型不同而有所变化,一般来说,它是项目的宏观设计,即项目的总体设计、布局设计,主要的工艺流程、设备的选型和安装设计,土建工程量及费用的估算等。初步设计文件应当满足编制施工招标文件、主要设备材料订货和编制施工图设计文件的需要,是下一阶段施工图设计的基础。

② 施工图设计(详细设计)。施工图设计的主要内容是根据批准的初步设计,绘制出正确、完整和尽可能详细的建筑、安装图纸。施工图设计完成后,必须由施工图设计审查单位审查并加盖审查专用章后才能使用。审查单位必须是取得审查资格且具有审查权限要求的设计咨询单位。经审查的施工图设计还必须经有权审批的部门进行审批。

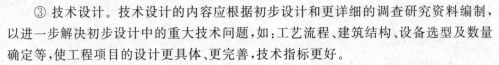

③ 技术设计。技术设计的内容应根据初步设计和更详细的调查研究资料编制，以进一步解决初步设计中的重大技术问题,如:工艺流程、建筑结构、设备选型及数量确定等,使工程项目的设计更具体、更完善,技术指标更好。

(3) 建设准备

① 建设准备工作内容。项目在开工建设之前要切实做好各项准备工作,其主要内容包括:

a. 征地、拆迁和场地平整;

b. 完成施工用水、电、通信、道路等接通工作;

c. 组织招标选择工程监理单位、承包单位及设备、材料供应商;

d. 准备必要的施工图纸。

② 工程质量监督手续和施工许可证的办理。建设单位完成工程建设准备工作并具备工程开工条件后,应及时办理工程质量监督手续和施工许可证。

(4) 施　工

工程项目经批准新开工建设,项目即进入施工安装阶段。项目新开工时间,是指工程项目设计文件中规定的任何一项永久性工程第一次正式破土开槽开始施工的日期。不需开槽的工程,正式打桩的日期就是开工日期。铁路、公路、水库等需要进行大量土方、石方工程的,以开始进行土方、石方工程的日期作为正式开工日期。工程地质勘察、平整场地、旧建筑物的拆除、临时建筑、施工用临时道路和水、电等工程开始施工的日期不能算作正式开工日期。

施工安装活动应按照工程设计要求、施工合同条款、有关工程建设法律法规规范标准施工和组织设计,在保证工程质量、工期、成本及安全、环保等目标的前提下进行,达到竣工验收标准后,由施工承包单位移交给建设单位。

3. 交付使用阶段

(1) 竣工验收

当工程项目按设计文件的规定内容和施工图纸的要求内容全部建完后,便可组织验收。竣工验收是投资成果转入生产或使用的标志,也是全面考核建设成果、检验设计和工程质量的重要步骤。

按照国家现行规定,工程项目按批准的设计文件所规定的内容建成,符合验收标准,即工业项目经过投料试车(带负荷运转)合格,形成生产能力的;非工业项目,符合设计要求,能够正常使用的,都应及时组织验收,办理固定资产移交手续。

(2) 项目后评价

项目后评价是工程项目实施阶段管理的延伸。工程项目竣工验收交付使用,只是工程建设完成的标志,而不是建设工程项目管理的终结。工程项目建设和运营是否达到投资决策时所确定的目标,只有经过生产经营或使用取得实际投资效果后,才能进行正确的判断;也只有在这时,才能对建设工程项目进行总结和评估,才能综合反映工程项目建设和工程项目管理各环节工作的成效和存在的问题。

项目后评价的基本方法是对比法。对比法就是将工程项目建成投产后所取得的实际效果、经济效益和社会效益、环境保护等情况与前期决策阶段的预测情况相对比，与项目建设前的情况相对比，从中发现问题，总结经验和教训。

1.2.2　投资项目决策的程序和内容

对于企业不适用政府投资建设的项目，政府一律不再实行审批制，而是区别不同情况实行核准制和备案制；对于政府投资项目，采用直接投资和资本金注入方式的，从投资决策角度只审批项目建议书和可行性研究报告。

1. 企业投资项目决策（核准）的程序和内容

企业投资项目决策，特别是投资规模较大的大型项目的投资决策，关系到企业的长远发展，应按照公司法人治理结构的权责划分，经经理层讨论后，报决策层进行审定，特别重大的投资决策还要报股东大会讨论通过。

有的企业投资项目是由项目发起人及其他投资人出资组建的具有独立法人资格的项目公司，由出资人或其授权机构对项目进行投资决策。

对企业投资项目，政府仅对《政府核准的投资项目目录》内的项目，从维护公共利益的角度进行核准，其他项目，除国家法律法规和国务院专门规定禁止投资的项目以外，无论规模大小，均改为备案制。项目的市场前景、经济效益、资金来源和产品技术方案等均由企业自主决策、自担风险，并依法办理环境保护、土地利用、资源利用、安全生产、城市规划等许可手续和减免税确认手续。

企业投资建设实行核准制的项目，企业仅需向政府提交项目申请报告，不再经过批准项目建议书、可行性研究报告和开工报告的程序。政府对企业提交的项目申请报告，主要从维护经济安全、合理开发利用资源、保护生态环境、优化重大布局、保障公共利益、防止出现垄断等方面进行核准。对外商投资项目，政府还要从市场准入、资本项目管理等方面进行核准；对于《政府核准的投资项目目录》外的企业投资项目实行备案制，除国家另有规定外，一律由企业按照属地原则向地方政府投资主管部门备案。

对于企业投资建设实行政府核准制的项目，一般是在企业完成项目可行性研究后，根据可行性研究的基本意见和结论，委托具备相应工程咨询资格的机构编制项目申请报告，按照事权划分，分别报政府投资主管部门进行核准。

项目申报单位在向项目核准机关报送申请报告时，需根据国家法律法规的规定，附送城市规划、国土资源、环境保护、水利、节能等行政主管部门出具的审批意见和金融机构项目贷款承诺。

2. 政府投资项目决策（审批）的程序和内容

对于政府投资项目，仍要按照规定的程序进行决策。这类建设项目必须先列入行业、部门或区域发展规划，由政府投资主管部门审批项目建议书，审查决定项目是否立项;再对可行性研究报告进行审查,决定项目是否建设。

根据投资体制改革有关完善政府投资机制、规范政府投资行为、合理界定政府投资范围的规定,政府投资主要用于关系国家安全和市场不能有效配置资源的经济和社会领域,包括加强公益性和公共基础设施建设,保护和改善生态环境,促进欠发达地区的经济和社会发展,推进科技进步和高新技术产业化。按照投资事权划分,中央政府投资除本级政府等建设外,主要安排跨地区、跨流域以及对经济和社会发展全局有重大影响的项目。

为健全政府投资决策机制,提高政府投资项目决策的科学化、民主化水平,政府投资项目一般都要经过符合资质要求入选的咨询中介机构的评估论证,特别重大的项目还应实行专家评议制度;逐步实行政府投资项目公示制度,广泛听取各方面的意见和建议。

对于采用直接投资和资本金注入方式的政府投资项目,政府投资主管部门从投资决策角度只审批项目建议书和可行性研究报告,不再审批开工报告,特殊情况除外。同时,应严格执行政府投资项目的初步设计、概算审批工作;采用投资补助、转贷和贷款贴息方式的,只审批资金申请报告。

1.2.3　项目建议书

项目建议书又称立项报告,是项目建设筹建单位或项目法人,根据国民经济的发展、国家和地方中长期发展规划、产业政策、生产力布局、国内外市场、所在地的内外部条件,提出的某一具体项目的建议文件,是对拟建项目提出的框架性的总体设想。此文件往往是在项目早期,由于项目条件还不够成熟,仅有规划意见书,对项目的具体建设方案还不明晰,市政、环保、交通等专业咨询意见尚未办理时提出的。项目建议书主要论证项目建设的必要性,建设方案和投资估算也比较粗略,投资误差为±30%。

对于企业投资项目,政府不再审批项目建议书;对于政府投资项目,仍需按基本建设程序要求审批项目建议书。如果企业内部判断项目是有生命力的或政府投资项目是经投资主管部门批准立项的,就可开展下一步的可行性研究。需要指出的是,不是所有项目都必须编制项目建议书的,小型项目或者简单的技术改造项目,在选定投资机会后,可以直接进行可行性研究。

1.2.4　建设项目可行性研究

1.建设项目可行性研究的概念

建设项目可行性研究是在投资决策前,对与项目有关的社会、经济和技术等方面进行深入细致的调查研究,对拟订的各种可能性建设方案和技术方案进行认真的技术经济分析与比较论证,对项目建成后的经济效益进行科学的预测和评价,并在此基础上综合研究、论证建设项目的技术先进性、适用性、可靠性、经济合理性和有利性,以及可能性和可行性,由此确定该项目是否投资和如何投资。可行性研究是一项十分重要的工作,加强可行性研究是对国家经济资源进行优化配置的最直接、最重要的手段,是提高项目决策水平的关键。

2. 建设项目可行性研究报告的作用

建设项目可行性研究的主要作用是为项目投资决策提供科学依据,防止和减少因决策失误造成的浪费,提高投资效益。经批准的可行性研究报告,其具体作用如下:

① 作为确定建设项目的依据。建设项目可行性研究报告一经审批通过,就意味着该项目正式批准立项,可以进行初步设计了,所批准的可行性研究报告是确定建设项目的依据。

② 作为编制设计文件的依据。在可行性研究报告中,对项目选址、建设规模、主要生产流程、设备选型和施工进度等方面都做了较详细的论证、研究,为项目设计文件的编制提供了依据。项目设计文件中有关技术、经济的数据,都应该在可行性研究工作中进行认真研究。

③ 作为向银行贷款的依据。可行性研究报告详细预测了项目的财务效益和经济效益及贷款偿还能力。我国的银行以可行性研究报告作为审批建设项目投资贷款的依据。通过对贷款项目进行全面、细致的分析评估后,确认项目具有偿还贷款的能力,银行不承担过大风险时,才能同意贷款。世界银行等国际金融组织,均把可行性研究报告作为申请项目投资贷款的先决条件。

④ 作为拟建项目与有关协作单位签订合同或协议的依据。根据可行性研究报告,拟建项目可以与有关协作单位签订原材料、燃料、动力、运输、通信、建筑安装、设备购置等方面的协议。

⑤ 作为环保部门审查项目对环境影响的依据,亦作为向当地政府部门或规划部门申请建设执照的依据。在可行性研究报告中,对选址、总图布置、环境及生态保护方案等方面都做了论证,这些论证为申请和批准建设执照提供了依据。

⑥ 作为施工组织、工程进度安排及竣工验收的依据。可行性研究报告是检查施工进度及工程质量的依据。

⑦ 作为项目后评估的依据。在项目后评估时,以可行性研究报告为依据,将项目的预期效果与实际效果进行对比考核,从而对项目的运行进行全面评价。

3. 建设项目可行性研究报告的内容

建设项目可行性研究报告的内容可概括分为三大部分:第一是市场研究,包括产品的市场调查和预测研究,这是项目可行性研究的前提和基础,其主要任务是解决项目的"必要性"问题;第二是技术研究,即技术方案和建设条件研究,这是项目可行性研究的技术基础,主要解决项目在技术上的"可行性"问题;第三是效益研

工业建设项目可行性
研究报告内容

究,即经济效益的分析和评价,这是项目可行性研究的核心部分,主要解决项目在经济上的"合理性"问题。市场研究、技术研究和效益研究共同构成项目可行性研究的三大支柱。

1.3 建设工程项目承发包

1.3.1 建设工程项目承发包的概念

承发包是一种交易行为,是指交易的一方负责为交易的另一方完成某项工作或供应一批货物,并按一定的价格取得相应报酬的一种交易。委托任务并负责支付报酬的一方称为发包人,接受任务并负责按时完成而取得报酬的一方称为承包人。承发包双方通过签订合同或协议,予以明确发包人和承包人之间在经济上的权利与义务等关系,且具有法律效力。

建设工程项目承发包是指建设单位或总包单位作为发包人(称甲方),建筑企业、工程咨询单位、材料供应商等作为承包人(称乙方),由甲方把建设过程各阶段中的全部或部分工作委托给乙方,双方在平等互利的基础上签订合同,明确各自的经济责任、权利和义务,以保证工作任务在合同造价内按期按量地全面完成的一种经营方式。

1.3.2 承发包业务的形成与发展

1. 国际工程承发包业务的形成与发展

以英国为例,国际工程承发包模式的形成和发展经历了较长的时间。其早期的工程建设是业主直接雇用工人进行工程建设;14—15世纪出现营造师的职业,负责设计并代理业主管理工匠;15—17世纪,建筑师作为一种职业独立出来,负责设计任务,营造师则管理工匠,组织施工;17—18世纪,工程承包企业出现,业主发包、签订工程承包合同,建筑师负责规划、设计、监督施工,并负责调解业主和承包商之间的纠纷;19—20世纪出现总承包企业,逐渐形成一套比较完整的"总承包分包"体系。20世纪,承包方式呈现出多元化的发展趋势。

2. 国内工程承发包业务的形成与发展

我国建筑工程承发包业务起步较晚,1958—1976年间由于受"左"的思想影响,把工程承包方式当作资本主义经营方式进行批判,取消和废除了承包制、合同制、法定利润和甲乙方关系,建立了现场指挥部等管理体制。20世纪80年代初,我国第一次利用世界银行贷款建设云南省境内的鲁布革水电站工程。根据与世界银行的协议,工程三大部分之一的引水隧洞工程必须进行国际招标,我国随之成立了鲁布革工程管理局,第一次引进了业主、承包商、工程师的概念,将竞争机制引入工程建设领域,最终日本大成公司以比中国与外国公司联营体投标价低 3600 万元中标,且比 14958 万元的标底低了 43%,竣工时比合同工期提前了 122 天,施工中以科学的管理、先进的技术收到了工程质量好、工程造价低、用工用料省的显著效果,形成了强大的"鲁布革冲击",在中国工程界引起了强烈的反响,由此开启了我国学习国际先进经验,努力开拓、探索适合我国承发包体系和模式的大门。20 世纪 80 年代至今,建筑业在我国改革开放方针政策的指导下,认真总结经验教训,实行了体制改革,发展速度较快,在建立健全我国承发包体系和模式的基础上,开始进一步走出国门,对外开拓工程承包业务。

鲁布革工程案例

1.3.3　建设工程项目承发包的内容

建设工程项目承发包的内容包含了建设项目决策阶段、设计阶段、施工阶段、竣工验收投产使用阶段的全部工作,对一个承包人来说,承包的内容可以是建设过程的全部工作,也可以是某一阶段的全部或部分工作(见表 1-2)。

表 1-2　建设工程承发包过程及内容一览表

阶　段		定　义	内　容	完成人
编制项目建议书		建设单位向国家有关主管部门提出要求建设某一项目的建设性文件	项目的性质、用途、基本内容、建设规模及项目的必要性和可行性分析等	建设单位、工程咨询机构
可行性研究		研究工程建设项目的技术先进性、经济合理性和建设可能性的科学方法	对拟建项目的市场需求、资源条件、原料、燃料、动力供应条件、厂址方案、拟建规模、生产方法、设备选型、环境保护、资金筹措等,从技术和经济两方面进行详尽的调查研究,分析、计算、比较方案,并对建成后可能取得的技术效果和经济效益进行预测,为投资决策提供可靠的依据	工程咨询机构
勘察设计	工程勘察	工程测量、水文地质勘察和工程地质勘察	对工程项目建设地点的地形地貌、地层土壤岩性、地质构造、水文条件等自然地质条件进行仔细勘察,做出鉴定和综合评价,为建设项目的选址、工程设计和施工提供科学的依据	勘察设计部门
	工程设计	从技术上和经济上对拟建工程进行全面的规划工作	初步设计、技术设计和施工图设计	

阶 段	定 义	内 容	完成人
材料和设备的采购供应		以公开招标、询价报价、直接采购等决定材料的供应方式,以委托承包、设备包干、招标投标等决定设备的供应方式	材料、设备供应商
建筑安装工程施工	使设计图纸付诸实施的关键性部位	施工场地的准备工作,永久性工程的建筑施工、设备安装及工业管理安装等	承包单位
建设工程监理	专门从事工程监理的机构,其服务对象是建设单位	接受建设主管部门委托或建设单位委托,对建设项目的可行性研究、勘察设计、材料和设备的采购供应、工程施工、生产准备直至竣工投产实行全过程监督管理或阶段性监督管理	受业主委托的监理公司

1. 项目建议书

项目建议书是建设单位向国家有关主管部门提出要求建设某一项目的建设性文件。是建设单位根据国民经济的发展、国家和地方中长期发展规划、产业政策、生产力布局、国内外市场、所在地的内外部条件,提出的某一具体项目的建议文件,是对拟建项目提出的框架性的总体设想。项目建议书的主要内容包括项目的性质、用途、基本内容、建设规模及项目的必要性和可行性分析等。

2. 可行性研究

项目建议书经批准后,应对项目进行可行性研究。可行性研究是在调查的基础上,通过市场分析、技术分析、财务分析和国民经济分析,研究和论证建设项目的技术先进性、经济合理性和建设可能性的科学方法。

3. 勘察设计

(1) 工程勘察

通过对地形、地质及水文等要素的测绘、勘探、测试及综合评定,查明工程项目建设地点的地形地貌、地层土壤岩性、地质构造、水文条件等自然地质条件,提供可行性评价与建设所需的基础资料,为建设项目的选址、工程设计和施工提供科学的依据。

(2) 工程设计

工程设计是根据建设工程和法律法规的要求,对建设工程所需的技术、经济、资源、环境等条件进行综合分析、论证,编制建设工程设计文件,提供相关服务的活动。工程设计包括总图、工艺设备、建筑、结构、动力、储运、自动控制、技术经济等工作。大中型项目一般采用两阶段设计,即初步设计和施工图设计;重大型项目和特殊项目采用三阶段设计,即初步设计、技术设计和施工图设计。

4. 材料和设备的采购供应

建设项目必需的设备和材料,涉及面广、品种多、数量大。设备和材料采购供应是工程建设过程中的重要环节。建筑材料的采购供应方式有:公开招标、询价报价、直接采购等。设备供应方式有:委托承包、设备包干、招标投标等。

5. 建筑安装工程施工

建筑安装工程施工是指对新建、扩建、改建建筑物及构筑物所进行的施工工作,即把设计内容变成实体,实现其生产能力或使用功能。

6. 建设工程监理

建设工程监理作为一项新兴的承包业务,是近年逐渐发展起来的。建设工程监理是指具有相应资质的工程监理企业,接受建设单位的委托,承担其项目管理工作,并代表建设单位对施工单位的建设行为进行监控的专业化服务活动。

1.3.4 建设工程项目承发包模式

建设工程项目承发包模式,是指发包人与承包人双方之间的经济关系形式,从承包人所处的地位、承发包的范围、合同计价方式、发包途径等不同的角度,可以对建设工程项目承发包模式进行分类(见图1-3)。

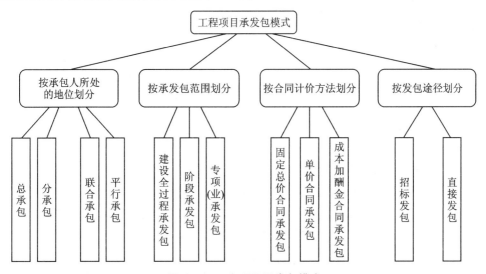

图1-3 工程项目承发包模式

1. 按承包人所处的地位划分

在工程承包中,不同承包单位之间、承包单位与建设单位之间的关系与地位不同,就形成了不同的承包方式。按承包人所处的地位划分,建设工程项目承发包模式可分为总承包、分承包、联合承包和平行承包。

(1) 总承包

总承包简称总包,是指发包人将一个建设项目建设全过程(勘察、设计、施工、设备采购等)或其中某几个阶段的工作发给一个承包人承包。根据承包范围的不同,总承包通常又分为工程总承包和施工总承包两大类。

工程总承包是指从事工程总承包的企业受建设单位的委托,按照工程总承包合同的约定,对工程建设项目的勘察、设计、采购、施工、试运行(竣工验收)等实行全过程或若干阶段的承包。国际国内常用的工程总承包模式有:

① EPC(设计—采购—建设)模式。这种承包方式又称为"交钥匙"或"项目总承包",是指工程总承包企业按照合同约定,承担工程项目设计、采购、施工、试运行等工作,并对承包工程的质量、安全、工期、造价全面负责,最终向建设单位提交一个满足使用功能、具备使用条件的工程项目。其特点是对业主而言,有利于项目管理、投资控制、进度控制,但因为有此能力的承包商相对较少,故业主的选择范围较小,合同管理难度大。对承包商来说,此种承包模式责任重,风险较大,需要具备较高的管理水平,但利润也很可观。

② DB(设计—施工)模式。DB 模式是指工程总承包企业按照合同约定,承担工程项目设计和施工,并对承包工程的设计和施工的质量、安全、工期、造价全面负责。

③ EP(设计—采购)模式。EP 模式是指工程总承包企业按照合同约定,承担工程项目设计和采购工作,并对工程项目的设计和采购的质量、进度等负责。

④ BOT(建设—经营—转让)模式。BOT 模式是一种主要适用于公共基础设施建设的项目投融资模式,是国家或地方政府部门的建设单位通过协议,授予承包方承担公共基础设施项目的融资、建造、经营和维护,在协议规定的特许期限内,承包方拥有设施所有权,允许向设施使用者收取适当的费用来收回成本并取得合理的回报,特许期限满后将设施无偿移交给建设单位。

BOT 案例

⑤ BT(建设—转让)模式。BT 模式是 BOT 模式的演变,现逐渐成为政府投资项目时采用的一种用于非经营性基础设施项目建设的模式。它的做法是,取得 BT 合同的承包方组建项目公司,按与建设单位签订合同的约定进行融资、投资、设计和施工,竣工验收后交付使用,建设单位在合同规定期限内向承包方支付工程款并获得项目所有权。

施工总承包是指发包人将全部施工任务发包给具有施工总承包资质的施工企业,由施工总承包企业按照合同的约定向建设单位负责,完成施工任务。

(2) 分承包

分承包简称分包,是相对于总承包而言的,指总承包人将所承包工程中的部分工程(如土石方工程、电梯安装工程、幕墙装饰工程等)或劳务分包给其他具有相应资质条件的工程承包单位完成的活动,即专业工程分包和劳务作业分包。分包人不与发包人发生直接关系,而只对总承包人负责,在现场由总承包人统筹安排其活动。分承包人承包的工程不是总承包范围内的主体结构工程或主要部分(关键性部分),主体结构工程施工必须由总承包人自行完成,防止总承包单位以分包为名发生转包行为,以确保工程质量和工程建设的顺利实施。同时,禁止分包单位将其承包的工程再分包,防止层层分包,以规范市场行为,保证工程质量。

以下行为是法律明文禁止的:

① 总承包单位将建设工程分包给不具备相应资质条件的单位;

② 建设工程总承包合同中未有约定,又未经建设单位认可,承包单位将其承包的部分建设工程交由其他单位完成;

③ 施工总承包单位将建设工程主体结构的施工分包给其他单位;

④ 分包单位将其承包的建设工程再分包;

⑤ 承包单位将其承包的全部建设工程肢解后以分包的名义分别转包给他人。

(3) 联合承包

联合承包是指两个以上具备承包资格的单位共同组成非法人的联合体,以共同名义对工程进行承包的行为。《建筑法》规定,大型或结构复杂的工程可以由两个以上的承包单位联合共同承包,两个以上不同资质等级的单位实行联合承包的,应按照资质等级低的单位的业务许可范围承揽工程。

参加联合承包的各方仍是各自独立经营的企业,只是就共同承包的工程项目事先达成联合协议,明确各个联合承包人的权利和义务,包括投入的资金数额、工人和管理人员的派遣、机械设备的种类、临时设施的费用分摊、利润的分享以及风险的分担等,统一与发包人签订合同,共同对发包人承担连带责任。

在市场竞争日趋激烈的形势下,采取联合承包方式的优越性体现在以下几方面:

① 利用各自优势,有效地减弱多家承包商之间的竞争;

② 化解和防范承包风险,争取更大的利润;

③ 促进承包商在信息、资金、人员、技术和管理上互相取长补短,相互学习,促进企业发展;

④ 增强共同承包大型或结构复杂工程的能力,提高中标的机会。

(4) 平行承包

平行承包是指建设单位将项目的设计、施工、采购等任务分别发包给多个设计单位、施工单位和供应商,不同的承包人在同一工程项目上分别与发包人签订承包合同,各自直接对发包人负责。各承包商之间不存在总承包、分承包的关系,现场的协调工作由发包人去做。这种模式有利于发包方择优选择承包商,但是相对于总承包模式而言,不利于发挥那些技术水平高、管理能力强的承包商的优势,组织管理和协调的工作量大,工程造价控制难度大。

2. 按承发包范围划分

建设工程项目承发包模式还可按范围进行划分,具体可分为建设全过程承发包、

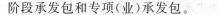

阶段承发包和专项(业)承发包。

(1) 建设全过程承发包

建设全过程承发包又叫统包、一揽子承包、交钥匙合同,主要适用于大中型建设项目。建设全过程承发包是指发包人一般只要提出使用要求、竣工期限或对其他重大决策性问题作出决定,承包人就可对项目建议书、可行性研究、勘察设计、材料设备采购、建筑安装工程施工、职工培训、竣工验收,直到投产使用和建设后评估等全过程全面总承包,并负责对各项分包任务统一进行组织、协调和管理。

(2) 阶段承发包

阶段承发包是指发包人、承包人就建设过程中某一阶段或某些阶段的工作(如可行性研究、勘察、设计、施工、材料设备供应等)进行发包和承包。其中,施工阶段承发包还可依承发包的具体内容进行。

(3) 专项承发包

专项承发包针对专业性较强的项目,指发包人、承包人就某建设阶段中的一个或几个专门项目进行发包和承包。专项承发包主要适用于如勘察设计阶段的工程地质勘察、供水水源勘察、基础或结构工程设计、工艺设计,供电系统、空调系统及防灾系统的设计;施工阶段的深基础施工、金属结构制作和安装、通风设备和电梯安装;建设准备阶段的设备选购和生产技术人员培训等专门项目。

3. 按合同计价方法划分

建设工程项目承发包模式也可按合同计价方法划分,具体可分为固定总价合同承发包、单价合同承发包、成本加酬金合同承发包。

(1) 固定总价合同承发包

固定总价合同又称总价合同,指合同的价格计算以图纸及规定、规范为基础,工程任务和内容明确,业主的要求和条件清楚,合同总价一次包死,不再因为环境的变化和工程量的增减而变化的一类合同。在这类合同中,承包商承担了全部的工作量和价格的风险。固定总价合同适用于工程规模较小、工期短,工程设计详细,技术简单,工程任务和范围明确,投标期相对宽裕,承包商可以有充足的时间详细考察现场、复核工程量的工程。

这种模式的特点是,因为有图纸和工程说明书为依据,发包人、承包人都能较准确地估算工程造价,发包人比较容易选择出最优承包人,承包商索赔的机会也少,更能保护发包人的利益。但此种模式下量与价的风险主要由承包商承担,所以承包商在确定报价时就必须考虑施工期间遇到材料突然涨价、地质条件变化和气候条件恶劣等情况造成的价格和工程量的变化,报价时会增大风险费用,不利于降低工程造价。

(2) 单价合同承发包

单价合同是指整个合同期内执行某个单价,而工程量则按实际完成的数量进行计算。这类合同适用于施工图不完整，或准备发包的工程项目的内容、技术经济指标尚不明确，或未具体地予以规定的情况，其风险可以得到合理的分摊，并且能鼓励承包商通过提高工效等手段降低成本，提高利润。单价合同通常又可细分为固定单价合同和可调单价合同。

① 固定单价合同：指单价不变，工程量调整时按合同约定的单价追加合同价款，工程全部完工时按竣工图工程量结算。这是经常采用的合同形式，特别是在设计或其他建设条件（如地质条件）还未落实的情况下（计算条件应明确），而以后又需增加工程内容或工程量时，可以按合同单价结算。

② 可调单价合同：有的工程在招标或签约时，因存在某些不确定因素，故在合同中暂定某些分部分项工程的单价，在工程结算时，再根据实际情况和合同约定对合同单价进行调整，确定实际结算单价。

（3）成本加酬金合同承发包

成本加酬金合同又称成本补偿合同，是指除按工程实际发生的成本结算外，发包人另将之前商定好的一笔酬金（管理费和利润）支付给承包人的一种承发包方式。此种方式适合于开工前对工程内容尚不十分清楚的情况，如边设计边施工的紧急工程或遭受灾害破坏后需修复的工程。这种模式又分为：成本加固定酬金、成本加固定百分比酬金、成本加浮动酬金、目标成本加奖罚等方式（详见本书第 5 章 5.4.2 小节内容）。

4. 按发包途径划分

建设工程项目承发包模式按发包途径划分可分为招标发包和直接发包。

（1）招标发包

招标发包指发包人通过公告或者其他方式，发布拟建工程的有关信息，表明其将招请合格的承包人承包工程项目的意向，由各承包人按照发包人的要求提出各自的工程报价和其他承包条件，参加承揽工程任务的竞争，最后由发包人从中择优选定中标者作为该项工程的承包人，与其签订工程承包合同。

（2）直接发包

直接发包指由发包人直接选定特定的承包人，与其进行一对一的协商谈判，就双方的权利义务达成协议后，与其签订工程承包合同。这种方式简便易行，节省发包费用，但缺乏竞争带来的优越性。在实行市场经济的条件下，这种发包方式应只适用于少数不适宜采用招标方式发包的特殊建筑工程。

可以直接发包的情形

建筑工程依法实行招标发包，对不适宜招标发包的可以直接发包。在法律法规没有特殊要求的前提下，发包人可以选择使用这两种方式中的一种。法律法规有特殊要求的，须遵守规定。

练习题

一、单选题

1. 改革开放以来,经过近年来的发展,建设市场的市场主体是(   )。
   A. 发包方   B. 承包方
   C. 中介服务方   D. 由发包方、承包方和中介服务方组成

2. 建设工程交易中心是我国近几年来在改革中出现的使建设市场有形化的管理形式。建设工程交易中心(   )。
   A. 是政府管理部门   B. 是政府授权的监督机构
   C. 具备监督管理职能   D. 是服务性机构

3. 一个建设项目建设全过程或其中某个阶段的全部工作,由一个承包单位负责组织实施。这个承包单位可以将若干专业性工作交给不同的专业承包单位去完成,并统一协调和监督他们的工作。在一般情况下,建设单位(业主)仅与这个承包单位发生直接关系,而不与各专业承包单位发生直接关系。该承包方式称为(   )。
   A. 分承包   B. 总承包   C. 阶段承包   D. 专项承包

二、多选题

1. 建筑产品的特点主要有(   )。
   A. 单件性   B. 生产过程的流动性
   C. 整体性   D. 生产的可逆性
   E. 社会性

2. 建设工程交易中心的基本功能包括(   )。
   A. 信息服务功能   B. 场所服务功能
   C. 行政审批功能   D. 监督管理功能
   E. 集中办公功能

三、填空题

1. 建设市场的主体是指在建设市场中从事建筑产品交易活动的各方,主要有_____、_____和_____等。

2. 建设市场的从业资质管理包括两类:一类是_____;另一类是_____。

3. 《招标投标法》规定:"招标投标活动应当遵循_____、_____、_____和_____的原则。"

四、问答题

1. 建设项目前期工作包括哪些内容？

2. 简述工程承发包的概念。

3. 简述建设工程交易中心的性质和作用。

第 2 章

建设工程招标

【技能目标】

本章介绍了工程项目施工招标的具体业务,内容包括工程项目施工招标的概念和流程,标准施工招标文件的格式和内容,资格预审文件的格式和编制方法,施工招标文件的编制方法和重点。要求学生通过学习本章内容,掌握工程项目施工招标的程序,能够运用相关知识编写招标公告、资格预审文件和招标文件,掌握工程项目施工招标管理的相关要求,了解评标定标方法的编制。

【任务项目引入】

教师选择某拟建工程项目,给定相应的工程概况和招标人要求等条件,以某项目招标文件编制为案例引入。

【任务项目实施分析】

通过对本章内容的学习,完成学习任务:工程项目施工招标文件的组成内容、工程项目施工招标文件的编制原则和方法、施工招标文件编制的注意事项。

2.1 建设工程招标准备工作

2.1.1 招标概述

1. 建设工程招标的概念

建设工程招标是指招标人(或发包人)对外发布拟建工程相关信息,吸引有承包能力的单位参与竞争,按照法定程序择优选定承包单位的法律活动。

招标是招标人通过招标竞争机制,从众多投标人中择优选定一家承包单位作为建设工程承建者的一种建筑商品的交易方式。

2. 建设工程招标投标制度和招标投标法

(1) 招标投标制度

招标投标制度是在承发包制基础上发展起来的一种建立承发包关系的方法的规定。建设单位不可能直接在建设市场中购得建筑商品的成品,也无法全部由自己组织兴建,因此产生了承发包制——由建设单位提出购买要求,建筑企业按要求进行加工。最初的承发包制只是经过协商建立承发包关系,实现建筑商品交易,但缺乏竞争,未能解决工期、质量、价格优化等问题。招标投标作为一种商品交易方式,与承发包制相结合,形成带有竞争性质的建筑商品交易方式,这就是招标投标承包制。

招标投标承包制是一种竞争性质的成交方式,能在一定程度上解决投资者购买目标优化问题。招标投标的目的和实质是通过建筑企业的竞争由招标人择优选择承包者。许多行业的竞争表现为商品的竞争,而建设市场的竞争则表现为建筑企业之间的竞争,投资者作为建筑商品的买方,不是直接选择建筑商品,而是选择提供商品的建筑企业。这样的竞争迫使建筑企业必须加强管理,不但要在施工工艺、管理、质量、效率、业绩等方面显示优势,而且还要注重企业的社会信誉。

(2)《中华人民共和国招标投标法》简介

《中华人民共和国招标投标法》(简称《招标投标法》)是 1999 年 8 月 30 日第九届全国人民代表大会常务委员会第十一次会议通过的关于规范招标投标活动的法律规范,全文共六章六十八条,于 2000 年 1 月 1 日起施行。招标投标是市场竞争的一种重要手段,规范招标投标活动的《招标投标法》是规范市场经济活动的重要法律,是市场经济法律体系的重要组成部分。

3. 建设工程招标投标的作用及特点

(1) 招标投标的作用

建设工程招标投标按法律规定的方式进行,具有以下作用:

① 有利于节约建设资金,提高投资的经济效益、建设市场的竞争,迫使建筑企业降低工程成本,进而降低工程投标报价。同时,明确了承发包双方的经济责任,也促使建设单位加强建设管理,控制投资总额。

② 增强了监理单位的责任感。建设工程质量实行设计、施工、监理终身责任制,此条款在承发包合同中是作了明确规定的。

③ 促使建筑企业改善经营管理,为在市场竞争中求得生存、发展和竞争,建筑企业既要注意经济效益,又应重视社会效益和企业信誉。致力于提高工程质量、缩短工期、降低成本、提高劳动生产率、加强售后服务,是建筑企业在竞争中取胜的法宝。

(2) 招标投标的特点

招标投标作为一种商品经营方式,体现了购销双方的买卖关系。竞争是商品经济的产物,但不同社会制度下的竞争目的、性质、范围和手段不同,我国建设工程招标投标的竞争特点如下:

① 招投标是在国家宏观计划指导和政府监督下的竞争。建设工程投资受国家宏观计划指导,工程价格在国家宏观计划指导下浮动,建筑队伍的规模受国家基本建设投资规模的控制。

② 投标是在平等互利基础上的竞争。在国家法律和政策约束下,建筑企业以平等的法人身份参加竞争。为防止在竞争中可能出现不法行为,国家颁布了《招标投标法》,并详细规定了具体做法。

③ 竞争的目的是相互促进,共同提高。投标竞争能促进建筑企业改善经营管理,优化技术,提高劳动生产率,保证国家、企业、个人的经济利益都得到提高。因此,建设工程招标投标有竞争的一面,也有统一的一面,竞争并不排斥互助联合,互助联合也寓于竞争之中。

④ 对投标人的资格进行审查避免了不合格的承包商参与承包。

4. 建设工程招标投标中政府的职能

建设工程招标投标属于招标人和投标人自主的市场交易活动,但为保证项目建设符合国家或地方的经济发展计划,项目能达到预期的投资目的,招标投标活动及其当事人应依法接受建设行政主管部门及其委托的招标投标监督机构的监督。政府在建设工程招标投标活动中将开展监督工作。

2.1.2　招标投标的基本原则

招标投标制度是市场经济的产物,并随着市场经济的发展而逐步推广,必须要遵循市场经济活动的基本原则。《招标投标法》依据国际惯例,在总则第五条明确规定,招标投标活动应当遵循公开、公平、公正和诚实信用的原则。《招标投标法》以及相关法律规范都充分体现了这些原则。

1. 公开原则

公开原则即"信息透明",要求招标投标活动必须具有高度的透明度,招标程序、投标人的资格条件、评标标准、评标方法、中标结果等信息都要公开,使每个投标人能够及时获得有关信息,从而平等地参与投标竞争,依法维护自身的合法权益。同时,将招标投标活动置于公开透明的环境中,也为当事人和社会各界的监督提供了重要条件。从这个意义上讲,公开是公平、公正的基础和前提。

2. 公平原则

公平原则即"机会均等",要求招标人一视同仁地给予所有投标人平等的机会,使其享有同等的权利并履行相应的义务,不歧视或者排斥任何一个投标人。按照这个原则,招标人不得在招标文件中要求或者标明特定的生产供应者以及含有倾向或者排斥潜在投标人的内容,不得以不合理的条件限制或者排斥潜在投标人,不得歧视潜在投标人,否则将承担相应的法律责任。

3. 公正原则

公正原则即"程序规范,标准统一",尽可能保障招投标各方的合法权益,做到程序公正;招标投标的评标标准应当具有唯一性,对所有投标人实行同一标准,确保标准公正。按照这个原则,《招标投标法》及其配套规定对招标、投标、开标、评标、中标、签订合同等都规定了具体程序和法定时限,明确了废标和否定投标的情形,评标委员会必须按照招标文件事先确定并公布的评标标准和方法进行评审、打分、推荐中标候选人,招标文件中没有规定的标准和方法不得作为评标和中标的依据。

4. 诚实信用原则

诚实信用原则是民事活动的基本原则之一,这是市场经济中诚实信用伦理准则法律化的产物,是以善意真诚、守信不欺、公平合理为内容的强制性法律原则。招标投标活动本质上是市场主体的民事活动,必须遵循诚信原则,也就是要求招标投标当事人应当以善意的主观心理和诚实守信的态度来行使权利、履行义务,不能故意隐瞒真相或者弄虚作假,不能言而无信甚至背信弃义,在追求自己利益的同时不应损害他人利益和社会利益,维持双方的利益平衡及自身利益与社会利益的平衡,遵循平等互利的原则,从而保证交易安全,促使交易实现。

2.1.3　招标的条件

为了建立和维护正常的建设工程招标投标秩序,建设工程招标必须具备一定的条件,不具备这些条件就不能进行招标。根据《工程建设项目施工招标投标办法》规定,依法必须招标的工程建设项目,应当具备下列条件才能进行施工招标:

① 招标人已经依法成立;
② 初步设计及概算已履行审批手续;
③ 招标范围、招标方式和招标组织形式等已履行核准手续;
④ 有相应资金或资金来源已落实;
⑤ 有招标所需的设计图纸及技术资料。

2.1.4　招标的范围

根据《招标投标法》第三条规定,在中华人民共和国境内进行下列工程建设项目,包括项目的勘察、设计、施工、监理以及与工程建设有关的重要设备、材料等的采购,必须进行招标:大型基础设施、公用事业等关系社会公共利益、公众安全的项目;全部或者部分使用国有资金投资或者国家融资的项目;使用国际组织或者外国政府贷款、援助资金的项目。

1. 招标的范围

为了确定必须进行招标的工程建设项目的具体范围和规模标准,规范招标投标活动,根据以上规定,国家发展改革委员会制定了《必须招标的工程项目规定》,已于2018 年 6 月 1 日起实施。

① 全部或者部分使用国有资金投资或者国家融资的项目,包括:

a. 使用预算资金 200 万元人民币以上,并且该资金占投资额 10%以上的项目;

b. 使用国有企业事业单位资金,并且该资金占控股或者主导地位的项目。

② 使用国际组织或者外国政府贷款、援助资金的项目,包括:

a. 使用世界银行、亚洲开发银行等国际组织贷款、援助资金的项目;

b. 使用外国政府及其机构贷款、援助资金的项目。

③ 不属于上述规定情形的大型基础设施、公用事业等关系社会公共利益、公众安全的项目,必须招标的具体范围由国务院发展改革部门会同国务院有关部门按照确有必要、严格限定的原则制定,报国务院批准。

必须招标的范围

④ 各类工程建设项目,包括项目的勘察、设计、施工、监理以及与工程建设有关的重要设备、材料等的采购,达到下列标准之一的,必须进行招标:

a. 施工单项合同估算价在 400 万元人民币以上的;

b. 重要设备、材料等货物的采购,单项合同估算价在 200 万元人民币以上的;

c. 勘察、设计、监理等服务的采购,单项合同估算价在 100 万元人民币以上的。

同一项目中可以合并进行的勘察、设计、施工、监理以及与工程建设有关的重要设备、材料等的采购,合同估算价合计达到前款规定标准的,必须招标。

2. 可以不招标的情况

《招标投标法》第六十六条规定,涉及国家安全、国家秘密、抢险救灾或者属于利用扶贫资金、实行以工代赈、需要使用农民工等特殊情况,不适宜进行招标的项目,按照国家有关规定可以不进行招标。

另外,根据国务院颁布的《中华人民共和国招标投标法实施条例》(以下简称《招标投标法实施条例》,自 2012 年 2 月 1 日起施行)第九条规定,有下列情形之一的,可以不进行招标:

① 需要采用不可替代的专利或者专有技术;

② 采购人依法能够自行建设、生产或者提供;

③ 已通过招标方式选定的特许经营项目投资人依法能够自行建设、生产或者提供;

④ 需要向原中标人采购工程、货物或者服务,否则将影响施工或者功能配套要求;

⑤ 国家规定的其他特殊情形。

2.1.5　招标前的准备工作

招标准备阶段是指业主决定进行建设工程招标到发布招标公告之前所做的准备工作,具体包括:成立招标机构;确定招标形式;编制招标文件;安排招标日程。

1. 成立招标机构——招标人

招标人是指依照法律规定提出招标项目,进行工程建设的勘察、设计、施工、监理,以及与工程建设有关的重要设备、材料等招标的法人或者其他组织。

正确理解招标人的定义,应当把握以下两点:

① 招标人应当是法人或者其他组织,而自然人则不能成为招标人。根据我国《民法通则》规定,法人是指具有民事权利能力和民事行为能力,并依法享有民事权利和承担民事义务的组织,包括企业法人、机关法人、事业单位法人和社会团体法人。法人必须具备以下条件:必须依法成立;必须有必要的财产和经费;有自己的名称、组织机构和场所;能够独立承担民事责任。其他组织是指除法人以外的不具备法人条件的其他实体,如法人的分支机构、合伙组织等。

② 法人或者其他组织必须依照法律规定提出招标项目、进行招标。"提出招标项目"是指根据实际情况和《招标投标法》的有关规定,提出和确定拟招标的项目,办理有关审批手续,落实项目的资金来源等。"进行招标"是指根据《招标投标法》的规定提出招标方案,拟定或决定招标方式,编制招标文件,发布资格预审公告或招标公告,审查潜在投标人资格,主持开标、评标,确定中标人,签订书面合同等。

2. 确定招标组织形式

招标人具有编制招标文件和组织评标能力的,可以自理招标事宜。也就是说,招标人自行办理招标必须具备两个条件:一是有编制招标文件的能力;二是有组织评标的能力。

招标人必须具备的条件包括:

① 具有项目法人资格(或法人资格);

② 具有与招标项目规模和复杂程度相适应的工程技术、概预算、财务和工程管理等方面的专业技术力量;

③ 有从事同类工程建设项目招标的经验;

④ 设有专门的招标机构或者拥有 3 名以上专职招标业务人员;

⑤ 熟悉和掌握《招标投标法》等有关法规、规章。

对于工程项目招标,《房屋建筑和市政基础设施工程适用招标投标管理办法》中规定,对招标人自行办理施工招标事宜的,需具备如下条件:

a. 有专门的施工组织机构;

b. 有与工程规模、复杂程度相适应并具有同类工程施工招标经验、熟悉有关工程施工招标法律法规的工程技术、概预算及工程管理的专业人员。

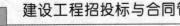

不具备上述条件的,须委托具有相应资格的工程招标代理机构代理施工招标。

3. 招标代理机构

招标代理机构是依法成立、从事招标代理业务并提供相关服务的社会中介组织。招标代理机构受招标人委托,代为办理有关招标事宜,如编制招标方案、招标文件及招标控制价,组织评标,协调合同的签订等。

工程招标代理机构应具备的条件如下:

① 是依法成立的中介组织;

② 与行政机关和其他国家机关没有行政隶属关系或者其他利益关系;

② 有固定的营业场所和开展工程招标代理业务所需设施及办公条件;

④ 有健全的组织机构和内部管理的规章制度;

⑤ 具备编制招标文件和组织评标的相应专业力量;

⑥ 具有可以作为评标委员会成员人选的技术、经济等方面的专家库。

为了深入推进工程建设领域"放管服"改革,加强工程建设项目招标代理机构事中事后监管,规范工程招标代理行为,维护建设市场秩序,住房城乡建设部办公厅《关于取消工程建设项目招标代理机构资格认定 加强事中事后监管的通知》(建办市〔2017〕77号文)规定如下:

(1) 停止招标代理机构资格申请受理和审批

自2017年12月28日起,各级住房城乡建设部门不再受理招标代理机构资格认定申请,停止招标代理机构资格审批。

(2) 建立信息报送和公开制度

招标代理机构可按照自愿原则向工商注册所在地省级建设市场监管一体化工作平台报送基本信息。信息内容包括营业执照相关信息、注册执业人员、具有工程建设类职称的专职人员、近3年代表性业绩、联系方式。上述信息统一在住房和城乡建设部全国建设市场监管公共服务平台(以下简称公共服务平台)对外公开,供招标人根据工程项目实际情况选择参考。

(3) 规范工程招标代理行为

招标代理机构应当与招标人签订工程招标代理书面委托合同,并在合同约定的范围内依法开展工程招标代理活动。招标代理机构及其从业人员应当严格按照招标投标法、招标投标法实施条例等相关法律法规开展工程招标代理活动,并对工程招标代理业务承担相应责任。

(4) 强化工程招投标活动监管

各级建设主管部门要加大房屋建筑和市政基础设施招标投标活动监管力度,推进电子招投标,加强招标代理机构行为监管,严格依法查处招标代理机构违法违规行为,及时归集相关处罚信息并向社会公开,切实维护建设市场秩序。

(5) 加强信用体系建设

加快推进省级建设市场监管一体化工作平台建设,规范招标代理机构信用信息采集、报送机制，加大信息公开力度，强化信用信息应用，推进部门之间信用信息共享共用。加快建立失信联合惩戒机制，强化信用对招标代理机构的约束作用，构建"一处失信、处处受制"的市场环境。

（6）加大投诉举报查处力度

各级建设主管部门要建立健全公平、高效的投诉举报处理机制，严格按照《工程建设项目招标投标活动投诉处理办法》要求，及时受理并依法处理房屋建筑和市政基础设施领域的招投标投诉举报，保护招标投标活动当事人的合法权益，维护招标投标活动的正常市场秩序。

（7）推进行业自律

充分发挥行业协会对促进工程建设项目招标代理行业规范发展的重要作用。支持行业协会研究制定从业机构和从业人员行为规范，发布行业自律公约，加强对招标代理机构和从业人员行为的约束和管理。鼓励行业协会开展招标代理机构资信评价和从业人员培训工作，提升招标代理服务能力。

4．确定招标方式

我国《招标投标法》第十条明确规定：招标分为公开招标和邀请招标。

（1）公开招标

《招标投标法》第十条第二款规定，公开招标，也称无限竞争性招标，是一种由招标人按照法定程序，以招标公告的方式邀请不特定的法人或者其他组织投标，并通过国家指定的报刊、广播、电视及信息网络等媒介发布招标公告，有意的投标人接受资格预审，购买招标文件，参加投标的招标方式。

这种方式的优点是：投标承包商多、范围广、竞争激烈，建设单位有较大的选择余地，有利于降低工程造价、提高工程质量、缩短工期。

公开招标是最具竞争性的招标方式，其参与竞争的投标人数量最多，只要符合相应的资质条件，投标人便可参加投标，不受限制，因而竞争程度最为激烈。此种招标方式可以为招标人选择报价合理、施工工期短、信誉好的承包商创造机会，为招标人提供最大限度的选择范围。

公开招标程序严密、规范，有利于招标人防范风险，保证招标的效果；有利于防范招标投标活动操作人员和监督人员的舞弊现象。

公开招标是适用范围最广、最有发展前景的招标方式。在国际上，招标通常都是指公开招标。在某种程度上，公开招标已成为招标的代名词。我国的《招标投标法》规定，凡法律法规要求招标的建设项目必须采用公开招标的方式，若因某些原因需要采用邀请招标方式的，必须经招标投标管理机构批准。

公开招标也有缺点，如由于投标的承包商多，招标工作量大，组织工作复杂，需投入较多的人力、物力，招标过程所需时间较长。因此，各地在实践中采取了不同的变通办法，但都是违背法律规定的招标投标活动原则的。

（2）邀请招标

邀请招标也称有限竞争性招标或选择性招标，是指由招标人以投标邀请书的方式邀请特定法人或其他组织投标。这种方式不发布公告，招标人根据自己的经验和所掌握的各种信息资料，向具备承担该项工程施工能力、资信良好的三个以上的承包商发出投标邀请书，收到邀请书的单位可参加投标。

邀请招标方式的优点是：目标集中，招标的组织工作较容易，工作量小。邀请招标程序上比公开招标简化，招标公告、资格审查等操作环节被省略。投标人往往为3～5家，比公开招标少，评标工作量也随之减少，因此在时间上比公开招标短得多。

邀请招标方式的缺点是：参加的投标人较少，竞争性较差，招标人对投标人的选择范围小，如果招标人在选择邀请单位前所掌握的信息量不足，则会失去发现最适合承担该项目的承包商的机会。

由于邀请招标存在上述缺点，因此有关法规对依法必须招标的建设项目，如确实需要采用邀请招标方式招标的，则对其进行了限制。《招标投标法》第十一条规定，国务院发展计划部门确定的国家重点项目和省、自治区、直辖市人民政府确定的地方重点项目不适宜公开招标的，经国务院发展计划部门或者省、自治区、直辖市人民政府批准，可以进行邀请招标。

招标实例

另外，我国2012年2月1日起施行的《中华人民共和国招标投标法实施条例》第八条明确规定，国有资金控股或者占主导地位的依法必须招标的项目，应当公开招标；但有下列情形之一的，可以邀请招标：

① 技术复杂、有特殊要求或者受环境限制，只有少量潜在投标人可供选择；

② 采用公开招标方式的费用项目合同金额的比例过大。

同时，《招标投标法实施条例》第七条规定，按照国家有关规定需要履行项目审批、核准手续的依法必须进行招标的项目招标范围、招标方式、招标组织形式，应当报项目审批、核准部门审批、核准。项目核准部门应当及时将审批、核准确定的招标范围、招标方式、招标组织形式通报有关行政监督部门。

（3）公开招标与邀请招标的主要区别

公开招标与邀请招标的主要区别有以下几点：

① 发布信息的方式不同。公开招标采用公告的形式发布，邀请招标则采用投标邀请书的形式发布。

② 选择的范围不同。公开招标因使用招标公告的形式，针对的是一切潜在的对招标项目感兴趣的法人或其他组织，招标人事先不知道投标人的数量；邀请招标则针对的是已经了解的法人或其他组织，而且事先已经知道投标人的数量。

③ 竞争的范围不同。公开招标中所有符合条件的法人或其他组织都有机会参加投标，竞争的范围较广，竞争性体现得也比较充分，招标人拥有绝对的选择余地，容

易获得最佳招标效果;邀请招标中则投标人的数目有限,竞争的范围也有限,招标人拥有的选择余地相对较小,有可能提高中标的合同价,也有可能遗漏某些在技术上或报价上更有竞争力的承包人。

④ 公开的程度不同。公开招标中,所有的活动都必须严格按照预先确定并为大家所知的程序标准公开进行,大大减少了作弊的可能;相对而言,邀请招标的公开程度则要差一些,产生不法行为的机会也就多一些。

⑤ 时间和费用不同。公开招标的程序比较复杂,因而耗时较长,费用也较高;邀请招标则不发公告,招标文件只送几家,使整个招标投标的时间大大缩短,招标费用也相应减少。

5．招标申请及编制招标有关文件

(1) 申请招标

由招标人填写招标工程招标申请表(见表 2 - 1),招标申请表的主要内容包括工程名称、建设地点、招标建设规模、结构类型、招标范围、招标方式、要求企业等级、前期施工准备情况(征地拆迁情况、三通一平情况、勘察设计情况等)、招标机构组织情况等。

(2) 编制资格预审文件

公开招标须对投标人进行资格审查,资格预审是指在发售招标文件前,招标人对潜在的投标人进行资质条件、业绩、技术、资金等方面的审查。只有通过资格预审的潜在的投标人,才可以参加投标。公开招标可通过报刊、广播、电视或信息网络发布"资格预审通告"或"招标公告";邀请招标发出投标邀请书,对投标人的资格进行审查,即通常所说的资格预审。通过资格预审可以了解投标人的技术条件、工作经验和财务状况,节省日后评审工作的时间和费用,淘汰不合格的潜在投标人,排除了将合同授予不合格者的风险,也为不合格的潜在投标人节约了购买招标文件、现场勘察及投标所发生的费用和时间。

(3) 编制招标文件

招标文件应当采用工程所在地通用的格式文本,根据招标项目的特点和需要编制。

招标文件是招标人向供应商或承包商提供的为编写投标文件所需的资料,并向其通报招标投标依据的规则和程序等内容的书面文件。招标人或其委托的招标代理机构应根据招标项目的特点和要求编制招标文件。

招标文件的内容大致可分为三类:一是关于编写和提交投标文件的规定,载入这些内容的目的是尽量减少符合资格的供应商或承包商由于不明确如何编写投标文件而处于不利地位或其投标遭到拒绝的可能性;二是关于投标文件的评审标准和方法,这是为了提高招标过程的透明度和公平性,因而是非常重要的,也是必不可少的;三是关于合同的主要条款,其中主要是商务性条款,有利于投标人了解中标后签订的合同的主要内容,明确双方各自的权利和义务。其中,技术要求、投标报价要求和主要合同条款等内容是招标文件的实质性要求。所谓招标文件的实质性要求,就是响应招标文件的要求,就是投标文件应该与招标文件的所有实质性要求相符,无显著差异或保留。如果投标文件与招标文件规定的实质性要求不相符,即可认定投标文件不符合招标文件的要求,招标人可以拒绝其投标,并不允许投标人修改或撤销其不符合要求的差异。

表 2-1 招标申请表

项目名称			建设单位			
项目法人及联系电话			资金来源			
建设内容			项目建设地点和时限			
总投资金额			招标估算金额			
是否含有或拟申请国有投资或国家融资						
工程分项	招标估算 金额 (万元)	招标范围		招标组织形式		招标方式	
		是	否	自行招标	委托招标	公开招标	邀请招标
工程勘察							
工程设计							
建筑工程							
安装工程							
工程监理							
设 备							
重要材料							
拟选择的招标公告发布媒介							
拟选择的评标专家库							
拟选择的招标代理机构名称						盖章

情况说明:

建设单位(盖章)

年 月 日

招标文件一般应至少包括下列内容：

① 投标人须知。这是招标文件中反映招标人招标意图的部分，每个条款都是投标人应该知晓和遵守的规则的说明。

② 招标项目的性质、数量。

③ 技术规格。招标项目的技术规格或技术要求是招标文件中最重要的内容之一，是指招标项目在技术、质量方面的标准，如一定的大小、轻重、体积、精密度、性能等。技术规格或技术要求的确定，往往是招标是否具有竞争性，能否达到预期目的的技术制约因素。

④ 招标价格的要求及其计算方式。投标报价是招标人评标时衡量的重要因素。因此，招标人在招标文件中应事先提出报价的具体要求及计算方法。招标文件中应说明招标价格是固定不变的，还是采取调整价格。价格的调整方法及调整范围应在招标文件中明确。招标文件中还应列明投标价格的一种或几种货币。

⑤ 评标的标准和方法。评标时只能采用招标文件中已列明的标准和方法，不得另定。

⑥ 交货、竣工或提供服务的时间。

⑦ 投标人应当提供的有关资格和资信证明文件。

⑧ 投标保证金的数额或其他形式的担保。在招标投标程序中，如果投标人投标后擅自撤回投标文件，或者投标被接受后由于投标人的过错而不能签订合同，那么招标人就可能遭受损失（如重新进行招标产生的费用和因招标推迟而造成的损失）。因此，招标人可以在招标文件中加上投标保证金或抵押、保证等形式的担保条款，防止投标人违约，并在投标人违约时得到赔偿。

⑨ 投标文件的编制要求。

⑩ 提供投标文件的方式、地点和时间。

⑪ 开标、评标的日程安排。

⑫ 主要合同条款。合同条款明确将要完成的工程范围、供货的范围、招标人与中标人各自的权利和义务。除一般条款之外，合同中还应包括招标项目的特殊合同条款（详见本章 2.2 节内容）。

2.1.6　工程项目施工招标的程序

工程项目施工招标程序指主要从招标人的角度划分招标活动的内容逻辑关系，其主要程序分为准备阶段、招标阶段、定标成交阶段工作，具体流程见图 2-1。

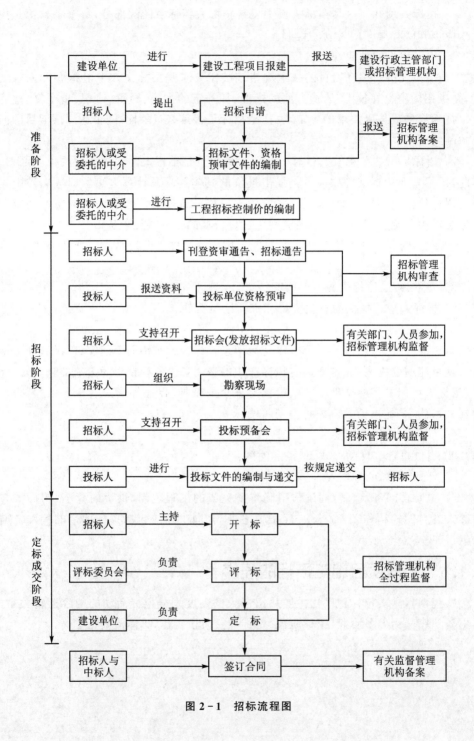

图 2 - 1　招标流程图

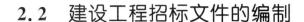

2.2 建设工程招标文件的编制

2.2.1 招标公告及投标邀请书

招标申请书、招标文件及评标、定标办法等获得批准后,招标人就要发布招标公告或发出投标邀请书。

1. 招标公告

采用公开招标方式的,招标人要在报刊、广播、电视、信息网络等大众传媒或工程交易中心公告栏上发布招标公告。信息发布所采用的媒体,应与潜在投标人的分布范围相适应,不相适应的是一种违背公正原则的违规行为。

根据 2018 年 1 月 1 日起施行的《招标公告和公示信息发布管理办法》规定,依法必须招标项目的招标公告和公示信息应当在中国招标投标公共服务平台或者项目所在地省级电子招标投标公共服务平台(以下统一简称"发布媒介")发布。省级电子招标投标公共服务平台应当与中国招标投标公共服务平台对接,按规定同步交互招标公告和公示信息。对依法必须招标项目的招标公告和公示信息,发布媒介应当与相应的公共资源交易平台实现信息共享。中国招标投标公共服务平台应当汇总公开全国招标公告和公示信息,以及发布媒介名称、网址、办公场所、联系方式等基本信息,及时维护更新,与全国公共资源交易平台共享,并归集至全国信用信息共享平台,按规定通过信用中国网向社会公开。

(1) 标 题

招标公告的标题是其中心内容的概括和提炼,形式上可分为单标题和双标题。

① 单标题。有三种写法:一是完整式标题,由招标单位名称、招标项目和文种组成,如《××公司工程施工招标公告》;二是略式标题,可省略招标单位名称或招标项目,或者二者均略去,只留文种名称,如《××工程施工招标公告》《招标公告》等;三是广告性标题,以生动的、吸引人的语言激发人们投标的欲望。

② 双标题。正标题标明招标单位和文种的名称,副题点明招标项目,如《××公司招标公告——××配套工程》。

(2) 招标号

凡是由招标公司制作的招标公告,都须在标题下一行的右侧标明公告文书的编号,以便归档备查。编号一般由招标单位名称的英文缩写、年度和招标公告的顺序号组成。

(3) 正 文

招标公告的正文应当写明招标单位的名称、地址,招标项目的性质、数量,实施地点和时间,以及获取招标文件的办法等内容,其写作结构一般由开头和主体两部分组成。

① 开头部分,也叫前言或引言,简要写明招标的缘由、目的或依据,招标项目或商品的名称、规模和批号、招标范围以及资金来源等内容。

② 主体部分,也是招标公告的核心部分,通常采用条文式或分段式结构,要写明以下内容:

a. 招标项目的情况。具体写明招标项目的名称以及项目的主要情况,如工程名称或要采购的商品的名称,以及工程概况、规模、质量要求,或大宗商品的型号、数额、规格等。

b. 招标范围。写明投标人应具备的条件,使潜在的投标人明确自己是否能成为投标人。

c. 招标步骤。写明招标的起止日期,投标人购买招标文件的时间、价格和方式,开标的时间和地点,有的还需写明签约的时间和期限、项目开工的时间或时限等。

(4) 落 款

在招标公告正文的末尾需写明招标单位的名称、招标公告发布的日期,如果是刊发在报纸上的,也可不署日期。还要写明招标单位的地址、电话、电报挂号、传真、邮政编码及联系人等,以便投标人与招标人联系。

有的招标公告还带有附件,将一些繁杂的内容如项目数量、工期、设计勘察资料等作为附件列于文后或作为另发的招标文件(见图 2-2)。

2. 投标邀请书

采用邀请招标方式的,招标人应当向三家以上具备承担施工招标项目能力、资信良好的特定法人或其他组织发出投标邀请书。与招标公告具有同等效力的投标邀请书,其内容与招标公告的内容一样。不同的是,邀请书以书信体行文,标题直书"投标邀请书",正文有称谓(被邀请单位的名称),开头有对被邀请者的肯定性评价,邀请书的文字更为简洁,语气更恳切。

3. 编制招标公告或投标邀请书的要求

招标公告或投标邀请书应当至少载明下列内容:

① 招标项目名称、内容、范围、规模、资金来源;

② 投标资格能力要求,以及是否接受联合体投标;

③ 获取资格预审文件或招标文件的时间、方式;

④ 递交资格预审文件或投标文件的截止时间、方式;

⑤ 招标人及其招标代理机构的名称、地址、联系人及联系方式;

⑥ 采用电子招标投标方式的,潜在投标人访问电子招标投标交易平台的网址和方法;

⑦ 其他依法应当载明的内容。

施工招标公告

（1）招标条件

本招标项目＿＿＿＿＿＿＿＿（项目名称）已由＿＿＿＿＿＿＿＿（项目审批、核准或备案机关名称）以＿＿＿＿＿＿＿＿（批文名称及编号）批准建设，项目业主为＿＿＿＿＿＿＿＿，建设资金来自＿＿＿＿＿＿（资金来源），项目出资比例为＿＿＿＿＿＿＿＿，招标人为＿＿＿＿＿＿＿＿。项目已具备招标条件，现对该项目的施工进行公开招标。

（2）项目概况与招标范围

＿＿＿＿＿＿＿＿＿（说明本次招标项目的建设地点、规模、计划工期、招标范围、标段划分等）。

（3）投标人资格要求

① 本次招标要求投标人须具备＿＿＿＿＿资质，＿＿＿＿＿业绩，并在人员、设备、资金等方面具有相应的施工能力。

② 本次招标＿＿＿＿＿＿＿＿（接受或不接受）联合体投标。联合体投标的，应满足下列要求：＿＿＿＿＿＿＿。

③ 各投标人均可就上述标段中的＿＿＿＿＿＿＿＿（具体数量）个标段投标。

（4）招标文件的获取

① 凡有意参加投标者，请于＿＿＿＿＿＿年＿＿＿月＿＿＿日至＿＿＿＿＿＿年＿＿＿月＿＿＿日（法定公休日、法定节假日除外），每日上午＿＿＿时至＿＿＿时，下午＿＿＿时至＿＿＿时（北京时间，下同），在＿＿＿＿＿＿＿＿（详细地址）持单位介绍信购买招标文件。

② 招标文件每套售价＿＿＿＿＿＿元，售后不退。

③ 邮购招标文件的，需另加手续费（含邮费）＿＿＿＿＿＿元。招标人在收到单位介绍信和邮购款（含手续费）后＿＿＿＿＿＿日内寄送。

（5）投标文件的递交

① 投标文件递交的截止时间（投标截止时间，下同）为＿＿＿＿＿＿年＿＿＿月＿＿＿日＿＿＿时＿＿＿分，地点为＿＿＿＿＿＿＿＿。

② 逾期送达的或者未送达指定地点的投标文件，招标人不予受理。

（6）发布公告的媒介

本次招标公告同时在＿＿＿＿＿＿＿（发布公告的媒介名称）上发布。

（7）联系方式

招标人：＿＿＿＿＿＿＿＿＿＿	招标代理机构：＿＿＿＿＿＿＿＿＿＿
地　　址：＿＿＿＿＿＿＿＿＿＿	地　　　　址：＿＿＿＿＿＿＿＿＿＿
邮　　编：＿＿＿＿＿＿＿＿＿＿	邮　　　　编：＿＿＿＿＿＿＿＿＿＿
联系人：＿＿＿＿＿＿＿＿＿＿	联　系　人：＿＿＿＿＿＿＿＿＿＿
电　　话：＿＿＿＿＿＿＿＿＿＿	电　　　　话：＿＿＿＿＿＿＿＿＿＿
传　　真：＿＿＿＿＿＿＿＿＿＿	传　　　　真：＿＿＿＿＿＿＿＿＿＿
电子邮件：＿＿＿＿＿＿＿＿＿＿	电　子　邮　件：＿＿＿＿＿＿＿＿＿＿
网　　址：＿＿＿＿＿＿＿＿＿＿	网　　　　址：＿＿＿＿＿＿＿＿＿＿
开户银行：＿＿＿＿＿＿＿＿＿＿	开　户　银　行：＿＿＿＿＿＿＿＿＿＿
账　　号：＿＿＿＿＿＿＿＿＿＿	账　　　　号：＿＿＿＿＿＿＿＿＿＿

＿＿＿＿＿年＿＿＿月＿＿＿日

图 2－2　招标公告

招标公告和公示信息发布管理办法

依法必须招标项目的招标公告和公示信息有下列情形之一的,潜在投标人或者投标人可以要求招标人或其招标代理机构予以澄清、改正、补充或调整:

① 资格预审公告、招标公告载明的事项不符合上述规定;

② 在两家以上媒介发布的同一招标项目的招标公告和公示信息内容不一致;

③ 招标公告和公示信息内容不符合法律法规规定。

另外,《招标公告和公示信息发布管理办法》中规定,发布媒介在发布依法必须招标项目的招标公告和公示信息活动中有下列情形之一的,由相应的省级以上发展改革部门或其他有关部门根据有关法律法规规定,责令改正;情节严重的,可以处 1 万元以下罚款:

① 违法收取费用;

② 无正当理由拒绝发布或者拒不按规定交互信息;

③ 无正当理由延误发布时间;

④ 因故意或重大过失导致发布的招标公告和公示信息发生遗漏、错误;

⑤ 违反本办法的其他行为。

2.2.2 招标文件

1. 招标文件的作用

编制招标文件是招标准备工作中最重要的环节,其作用体现在以下两个方面:

(1) 招标文件是提供给投标人的投标依据

施工招标文件中应准确无误地向投标人介绍实施工程项目的有关内容和要求,包括项目基本情况、预计工期、工程质量要求、支付规定等方面的信息,以便投标人据此编制投标书。

(2) 招标文件的主要内容是签订合同的基础

招标文件中除"投标须知"以外的绝大多数内容都将构成今后合同文件的有效组成部分。尽管在招标过程中招标人可能会对招标文件中的某些内容或要求提出补充和修改意见,投标人也会对招标文件提出一些修改要求或建议,但招标文件中对工程施工的基本要求不会有太大变动。由于合同文件是工程实施过程中双方都应该严格遵守的准则,也是发生纠纷时进行判断和裁决的标准,所以招标文件不仅决定了发包人在招标期间是否能够选择出一个优秀的承包人,而且还关系到工程施工是否能顺利实施,以及发包人与承包人双方的经济利益。编制一个好的招标文件可减少合同履行过程中的变更和索赔,也意味着工程管理和合同管理已经成功了一半。

2. 招标文件的主要内容

招标文件既是投标人编制投标书的依据,也是招标阶段招标人的行为准则。由于招标工程的规模、专业特点、发包的工作范围不同,所以招标文件的内容有繁有简。为了能使投标人在招标阶段明确自己的义务、合理预见实施阶段的风险,招标文件应包括以下几个方面的内容。

(1) 投标须知

投标须知是对投标时的注意事项的书面阐述和告知。投标须知包括两个部分:第一部分是投标须知前附表;第二部分是投标须知正文。投标须知前附表是投标须知正文部分的概括和提示,放在投标须知正文前面,有利于引起投标人的注意和便于查阅检索。投标须知正文主要内容包括对总则、招标文件、投标文件、开标、评标、签订合同等方面的说明和要求。

(2) 合同主要条款

我国建设工程施工合同包括"建设工程施工合同条件"和"建设工程施工合同协议条款"两部分。"合同条件"为通用条件,共计 10 个方面 41 条。"协议条款"为专用条款。合同条款是招标人与中标人签订合同的基础,与招标文件一起发给投标人,此举一方面是要求投标人充分了解合同义务和应该承担的风险责任,以便在编制投标文件时加以考虑;另一方面是允许投标人对投标文件中的条款以及在进行合同谈判时提出不同意见,如果招标人同意也可以对部分条款的内容予以修改。

(3) 投标文件的格式

投标文件是由投标人授权的代表签署的一份文件,一般都是由招标人或咨询工程师拟定好固定格式,由投标人填写。

(4) 采用工程量清单招标的,应当提供工程量清单

《建设工程工程量清单计价规范》规定,工程量清单是表现拟建工程的分部分项工程项目、措施项目、其他项目名称和相应数量的明细清单。工程量清单由封面、填表须知、总说明、分部分项工程量清单、措施项目清单、其他项目清单等部分组成。

(5) 技术条款

技术条款是投标人编制施工规划和计算施工成本的依据,一般包括三个方面的内容:一是现场的自然条件;二是现场的施工条件;三是本工程采用的技术规范。

(6) 设计图纸

设计图纸是招标文件和合同的重要组成部分,是投标人在拟定施工方案、确定施工方法以及提出替代方案、计算投标报价时必不可少的资料。

(7) 评标标准和方法

评标标准和方法应根据工程规模和招标范围详细地确定。

（8）投标辅助材料

投标辅助材料主要包括项目经理简历表、主要施工管理人员表、主要施工机械设备表、项目拟分包情况表、劳动力计划表、近三年的资产负债表和损益表、施工方案或施工组织设计、施工进度计划表、临时设施布置及临时用电表等。

招标人应当在招标文件中规定实质性要求和条件，并用醒目的方式标明。

3. 投标担保

（1）投标担保的形式

在招标文件中可以要求投标人提交投标担保。投标担保可以采用投标保函或者投标保证金的方式。投标保证金的金额既要使保证金额具有一定的约束力，又不能令投标人负担过大。《招标投标法实施条例》第二十六条规定，招标人在招标文件中要求投标人提交投标保证金的，投标保证金不得超过招标项目估算价的 2%。投标保证金的有效期应当与投标的有效期一致。依法必须进行招标的项目的境内投标单位，以现金或者支票形式提交投标保证金的，应当从其基本账户转出。招标人不得挪用投标保证金。

（2）投标担保的约束条件

由于提交投标担保是在投标截止日期以前，由投标人随同投标文件一起提交给招标人，故投标保证约束的是开标后投标人的行为。投标截止，投标人的任何行为都可以自主决定而不构成投标人违约，如申请资格预审后不递交资格预审文件、资格预审合格者不购买招标文件、购买招标文件后不参与投标、递交投标文件后在投标截止日前以书面形式要求撤回投标书或更改其内容等，均不能视为投标人违约。

投标人在投标截止日期后构成违约行为的，招标人可以没收投标保证金，具体情况包括：

① 投标截止日期后要求撤标的；
② 开标后要求对投标文件做实质性修改的；
③ 对经评标委员会修正后的报价计算错误，拒绝签字确认的；
④ 接到中标通知书拒绝签订合同的；
⑤ 中标后不在招标文件规定的时间内向招标人提供履约保证的。

4. 招标文件的编制原则

建设工程招标文件是编制投标文件的重要依据，也是评标的依据。招标文件的编制必须做到系统、完整、准确、明了，即提出的要求和目标明确，投标人能一目了然。编制招标文件的依据和原则如下：

① 确定建设单位和建设项目是否具备招标条件，不具备条件的须委托具有相应资质的咨询单位代理招标。

② 必须遵守《招标投标法》及有关法律的规定。因为招标文件是中标者签订合同的基础，按《合同法》规定，凡违反法律、法规和国家有关规定的合同均属于无效合

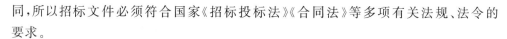

同,所以招标文件必须符合国家《招标投标法》《合同法》等多项有关法规、法令的要求。

③ 应公正、合理地处理招标人与投标人的关系,保护双方的利益。如果招标人在招标文件中不恰当地过多将风险转移给投标人一方,势必迫使投标人增加大风险费用,提高投标报价,而最终还是招标人一方增加支出。

④ 招标文件应正确、详尽地反映项目的客观真实情况,这样才能使投标者在客观可靠的基础上投标,减少在签约、履约时出现争议。

⑤ 招标文件各部分的内容必须统一。这一原则是为了避免各份文件之间的矛盾。招标文件涉及投标须知、合同条件、规范、工程量表等多项内容。如果文件各部分之间存在矛盾,就会导致在投标工作和履行合同的过程中出现争端,甚至影响工程的施工。

5．招标文件编制的注意事项

招标文件编制的注意事项包括以下几点:

① 评标原则和评标办法细则,尤其是要明确计分方法。

② 投标价格中,一般结构不太复杂或工期在 12 个月以内的工程,可以采用固定价格,同时考虑一定的风险系数。结构复杂或大型工程,工期在 12 个月以上的,应采用调整价格。调整方法和调整范围应在招标文件中明确规定。

③ 在招标文件中应明确投标价格计算依据。

④ 质量标准必须达到国家施工验收规范合格标准,对于要求质量达到优良标准的,应计取补偿费用,补偿费用的计算办法应按照国家或地方的有关文件规定执行,并在招标文件中明确。

⑤ 招标文件中的建筑工期应该参照国家或地方的工期定额来确定,如工程要求的工期比工期定额缩短 20% 以上(含 20%),应计算赶工措施费。赶工措施费如何计取应该在招标文件中明确。由于施工单位原因造成不能按合同工期竣工的,不计取赶工措施费,同时施工单位还应该承担给建筑单位带来的损失。损失费用的计算方法或规定也应该在招标文件中明确。

⑥ 如果建筑单位要求工期提前竣工交付使用,应该考虑计取提前工期奖,提前工期奖的计算方法应在招标文件中明确。

⑦ 招标文件中应明确投标准备时间。《招标投标法》明确规定,从开始发放招标文件之日起,至投标截止时间的期限,最短不得少于 20 天。

⑧ 在招标文件中应明确投标保证金数额,保证金数额不超过投标总价的 2%。

⑨ 中标单位应按规定向招标单位提交履约担保,履约担保可采用银行保函或履约担保书。履约担保比率一般为:银行出具的银行保函为合同价格的 5%;履约担保书为合同价格的 10%。

⑩ 招标文件应当规定一个适当的投标有效期,以保证招标人有足够的时间完成

评标并与中标人签订合同。投标有效期从投标人提交投标文件截止日起计算。

⑪ 材料或设备采购、运输、保管的责任应在招标文件中明确,如果建筑单位提供材料或设备,应列明材料或设备名称、品种或型号、数量,以及提供日期和交货地点等;同时,还应在招标文件中明确招标单位提供的材料或设备的计价和结算退款的方式、方法。

⑫ 关于工程量清单。招标单位按照国家颁布的统一工程项目划分,统一计量单位和统一工程量计算规则,根据施工图纸计算工程量,提供给投标单位作为投标报价的基础。结算拨付工程款时以实际工程量为依据。

⑬ 合同专用条款的编写。招标单位在编制招标文件时,应根据《合同法》《建筑工程施工合同管理办法》的规定和工程具体情况确定《招标文件合同专用条款》的内容。

⑭ 投标单位在收到招标文件后,若有问题需要澄清,应于收到招标文件后以书面形式向招标单位提出,招标单位将以书面形式在投标预备会上作出解答,答复将以书面形式报送给所有获得招标文件的投标单位。

⑮ 招标人对已经发出的招标文件需要进行必要的澄清或修改的,应当在招标文件要求提交投标文件截止时间至少 15 日前,以书面形式通知所有招标文件收受人。该澄清或修改内容为招标文件的组成部分。

6. 招标控制价的编制

招标控制价是指由业主根据国家或省级、行业建设主管部门颁发的有关计价依据和办法,按设计施工图纸计算,对招标工程限定的最高工程造价。

(1) 招标控制价的编制依据

招标控制价的编制依据主要有以下几点:

① 国家、行业和地方政府的法律、法规及有关规定。

② 现行国家标准《建设工程工程量清单计价规范》(GB 50500—2013)。

③ 国家、行业和地方建设主管部门颁发的计价定额和计价办法、价格信息及其相关配套计价文件。

④ 国家、行业和地方有关技术标准和质量验收规范等。

⑤ 工程项目地质勘察报告及相关设计文件。

⑥ 工程项目拟定的招标文件、工程量清单和设备清单。

⑦ 答疑文件、澄清和补充文件及有关会议纪要。

⑧ 常规或类似工程的施工组织设计。

⑨ 本工程涉及的人工、材料、机械台班的价格信息。

⑩ 施工期间的风险因素。

⑪ 其他相关资料。

(2) 招标控制价的管理

招标控制价的管理主要有以下三种:

① 招标控制价的复核：主要内容为承包工程范围、招标文件规定的计价方法及招标文件的其他有关条款；工程量清单单价组成分析：人工、材料、机械台班费、管理费、利润、风险费用以及主要材料数量等；计日工单价等；规费和税金的计取等。

② 招标控制价的公布和审查：招标控制价应在招标时公布，不应上浮或下调；招标人应将招标控制价及有关资料报送工程所在地工程造价管理机构备查。

③ 招标控制价的投诉与处理：投标人经复核认为招标人公布的招标控制价未按照《建设工程工程量清单计价规范》的规定进行编制的，应在开标前5天向招投标监督机构或（和）工程造价管理机构投诉；招投标监督机构应会同工程造价管理机构对投诉进行处理，发现确有错误的，应责成招标人修改。

（3）招标控制价的编制

建设工程的招标控制价应由组成建设工程项目的各单项工程费用组成。各单项工程费用应由组成单项工程的各单位工程费用组成。各单位工程费用应由分部分项工程费、措施项目费、其他项目费、规费和税金组成。

① 招标控制价的分部分项工程费是由各单位工程的招标工程量清单乘以其相应综合单价汇总而成。编制招标控制计价时，对于分部分项工程费用计价应采用单价法。采用单价法计价时，应依据招标工程量清单的分部分项工程项目、项目特征和工程量，确定其综合单价，综合单价的内容应包括人工费、材料费、机械费、管理费和利润，以及一定范围的风险费用。

按工程造价政策规定或工程造价信息确定其人工、材料、机械台班单价；同时，按照定额规定，在考虑风险因素确定管理费率和利润率的基础上，按规定程序计算出所组价定额项目的合价，然后将若干项所组价的定额项目合价相加除以工程量清单项目工程量，便得到工程量清单项目综合单价，对于未计价材料费（包括暂估价的材料费）应计入综合单价。

在确定综合单价时，应考虑一定范围内的风险因素。在招标文件中应预留出一定的风险费用，或明确说明风险所包括的范围及超出该范围的价格调整方法。对于招标文件中未作要求的可按以下原则确定：

a. 对于技术难度较大和管理复杂的项目，可考虑一定的风险费用，并纳入综合单价。

b. 对于设备、材料价格的市场风险，应依据招标文件、工程所在地或行业工程造价管理机构的有关规定，以及市场价格趋势，考虑一定率值的风险费用，并纳入综合单价。

c. 税金、规费等法律、法规、规章和政策变化的风险人工单价等风险费用不应纳入综合单价。

② 对于措施项目应分别采用单价法和费率法（或系数法），对于可计量部分的措施项目应参照分部分项工程费用的计算方法采用单价法计价，对于以项来计量或综合取定的措施费用应采用费率法。采用费率法时应先确定费用的计费基数，再测

定其费率,然后将计费基数与费率相乘得出费用。凡可精确计量的措施项目应采用单价法;不能精确计量的措施项目应采用费率法,以"项"为计量单位来综合计价。

采用费率法计价的措施项计价方法应依据招标人提供的工程量清单项目,按照国家或省级、行业建设主管部的规定,合理地确定计费基数和费率。其中安全文明施工费应按国家或省级、行业建设主管部门的规定计价,不得作为竞争性费用。

③ 其他项目费应采用下列方式计价:

a. 暂列金额应按招标人在其他项目清单中列出的金额填写。

b. 暂估价包括材料暂估价、专业工程暂估价。材料单价按招标人列出的材料单价计入综合单价,专业工程暂估价按招标人在其他项目清单中列出的金额填写。

c. 计日工:按招标人列出的项目和数量,根据工程特点和有关计价依据确定综合单价并计算费用。

d. 总承包服务费应根据招标文件中列出的内容和向总承包人提出的要求计算,其中:招标人仅要求对分包的专业工程进行总承包管理和协调时,按分包的专业工程估算造价的 1.5% 计算;招标人要求对分包的专业工程进行总承包管理和协调并同时要求提供配合服务时,根据招标文件中列出的配合服务内容和提出的要求按分包的专业工程估算造价的 3%～5% 计算;招标人自行供应材料的,按招标人供应材料价值的 1% 计算。

④ 规费应采用费率法编制,按照国家或省级、行业建设主管部门的规定确定计费基数和费率计算,不得作为竞争性费用。

⑤ 税金应采用费率法编制,按照国家或省级、行业建设主管部门的规定,结合工程所在地情况确定综合税率并参照下式计算,不得作为竞争性费用。

税金＝(分部分项工程量清单费＋措施项目清单费＋其他项目清单费＋规费)×综合税率

招标控制价的签署页应按规定格式填写,签署顺序为编制人、审核人、审定人、法定代表人或其授权人。所有文件经签署并加盖工程造价咨询单位资质专用章和造价工程师或造价员执业或从业印章后才能生效。

7. 标底的编制

根据《招标投标实施条例》规定,招标人可以自行决定是否编制标底。一个招标项目只能有一个标底。标底必须保密。

(1) 建设工程招标标底的作用

建设工程招标标底作为评标、定标的基准价格或参考价格,具有重要作用。

① 标底价格可作为发包人筹集资金、控制投资成本的依据。标底价格可以使发包人预先了解自己在拟建工程中应承担的经济义务,筹备足够的建设资金。

② 标底价格是发包人选择承包人的参考价格。标底价格是发包人的期望价格,

是衡量投标人行为的准绳,是定标的重要依据。

(2) 编制建设工程招标标底的原则

建设工程进行施工招标时,为了能够指导评标、定标,招标单位应自行或委托有资格的咨询单位编制标底。

编制标底的原则有以下几点:

① 根据招标文件,参照国家规定的技术经济标准定额及规范编制。

② 标底价格由成本、利润、税金等组成,标底的计价内容、计算依据应与招标文件规定完全一致。

③ 标底价格作为建设单位的期望价格,应与市场的实际情况吻合,既要有利于竞争,又要保证工程质量。

④ 标底价格应考虑人工、材料、机械台班等价格变动因素,还应包括不可预见费、包干费和措施费等,力求与市场变化情况吻合,利于竞争和保证工程质量。

⑤ 招标人不得因投资原因故意压低标底价格。

⑥ 一个工程项目只编制一个标底,并在开标前保密。

(3) 编制标底价格的依据

编制标底价格的主要依据有以下几点:

① 国家有关法律法规和部门规章;

② 招标文件的商务条款;

③ 建设工程施工图纸、工程量计算规则;

④ 施工现场水文地质情况、现场环境的有关资料;

⑤ 施工方案或施工组织设计;

⑥ 现行建设工程预算定额、工期定额、工程项目计价类别及取费标准、国家或地方有关价格调整文件等;

⑦ 招标时的建筑安装材料及设备的市场价格。

建设工程标底一经编制,应报招标投标管理机构审定,一经审定应密封,所有接触过标底的人均负有保密责任,不得泄露标底。

(4) 建设工程招标标底文件的主要内容

建设工程招标标底文件的主要内容有以下几点:

① 标底报价表;

② 建设工程造价预(结)算书;

③ 工程取费表;

④ 工程计价表、材料调查表等。

(5) 建设工程招标标底的编制办法

建设工程招标标底的编制方法与招标控制价编制方法类似。

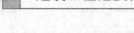

2.3 资格审查

2.3.1 资格审查概述

对投标申请人的资格进行审查,是为了在招标过程中剔除资格条件不适合的投标申请人。采用资格审查程序,可以缩减招标人评审和比较投标文件时的数量,减少评标的工作量,节约评标的费用和时间。因此,资格审查程序既是招标人的一项权利,又是大多数招标活动中经常采取的一种方法,它对保障招标人的利益、促进招标活动的顺利进行具有重要意义。

在资格审查方式上,通常分为资格预审和资格后审。

资格预审是在投标前对投标申请人进行的资格审查,以确定拟投标人是否有能力承担并完成该工程项目,是否可以参加下一步的投标。

资格后审是针对所有已购买招标文件的投标人,他们都已具备了完成该工程项目的基本资质,开标之后,在评标时对投标申请人进行的资格审查。

2.3.2 资格预审

1. 资格预审的意义

进行资格预审,是指在招标开始之前或者开始初期,由招标人对申请参加投标的潜在投标人的资质条件、业绩、信誉、技术、资金等多方面的情况进行资格审查,只有在资格预审中被认定为合格的潜在投标人,才可以参加投标。

对业主来说,资格预审的意义主要有 3 点:

① 可以了解投标人的财务能力、技术状况及类似本工程的施工经验。可选择在财务、技术、施工经验等方面优秀的投标人参加投标,为业主选择一个优秀的投标人打下良好的基础。

② 可以淘汰不合格或资质不符的投标人,减少评标阶段的工作量。

③ 减少了投标人的数量,也就意味着在一定程度上减少了恶意投标竞争,保证了竞争秩序。

对施工企业来说,通过招标项目发布的信息了解工程项目的相关情况,不够资质的企业不必浪费时间与精力,可以节约投标费用。

2. 资格预审的程序

(1) 编制资格预审文件

资格预审文件由业主组织有关专家编制,也可委托设计单位、咨询公司编制。资格预审文件的主要内容包括:资格预审公告;申请人须知;资格审查办法;资格预审申请文件格式;项目建设概况。资格预审文件须报招标管理机构审核。

（2）发布资格预审公告

在建设工程交易中心及政府指定的报刊、网络发布工程招标信息,刊登资格预审公告。

资格预审公告的内容应包括:工程项目名称,资金来源,工程规模,工程量,工程分包情况,投标人的合格条件,购买资格预审文件的日期、地点和价格,递交资格预审投标文件的日期、时间和地点。

《招标投标法实施条例》第十六条规定,招标人应当按照资格预审公告规定的时间、地点发售资格预审文件或者招标文件。资格预审文件的发售期不得少于 5 日。《招标投标法实施条例》第十七条规定,依法必须进行招标的项目提交资格预审申请文件的时间,自资格预审文件停止发售之日起不得少于 5 日。

3. 报送资格预审申请文件

投标人应在规定的截止时间前报送资格预审申请文件。

《招标投标法实施条例》规定,招标人可以对已发出的资格预审文件或者招标文件进行必要的澄清或者修改。澄清或者修改的内容可能影响资格预审申请文件或者投标文件编制的,招标人应当在提交资格预审申请文件截止时间至少 3 日前,或者投标截止时间至少 15 日前,以书面形式通知所有获取资格预审文件或者招标文件的潜在投标人;不足 3 日或者 15 日的,招标人应顺延提交资格预审申请文件的截止时间。

若潜在投标人或者其他利害关系人对资格预审文件有异议,应在提交资格预审申请文件截止时间 2 日前提出;若对招标文件有异议,应在投标截止时间 10 日前提出。招标人应当自收到异议之日起 3 日内作出答复;作出答复前,应当暂停招标投标活动。

4. 资格预审

由业主负责组织评审小组,包括财务、技术方面的专门人员对资格预审文件的完整性、有效性及正确性进行评审。评审标准主要有以下几款:

（1）投标人概况

① 营业执照。营业执照的营业范围是否与招标项目一致,执照期限是否有效。

② 企业资质等级和生产许可。施工企业资质的专业范围和等级是否满足资格条件要求。

③ 安全生产许可证。安全生产许可范围是否与招标项目一致,执证期限是否有效。

④ 质量管理、职业健康安全管理和环境管理体系认证书。认证范围是否与招标项目一致,执证期限在招标期间是否有效。

（2）经验与信誉

此款标准类似项目业绩。申请人提供招标人约定年限完成的类似项目情况时应附中标通知书或合同协议书、工程接收证书(工程竣工验收证书)的复印件等证明材料,正在施工或生产和新承接的项目情况应附中标通知书或合同协议书的复印件等证明材料。根据申请人完成类似项目业绩的数量、质量、规模、运行情况,评审其有类似项目的施工或生产经验的程度及信誉。根据申请人近年来发生的诉讼或仲裁情况、质量和安全事故、合同履约情况及银行资信,判断其是否满足资格预审文件规定的条件要求。

(3)财务状况

审查经会计师事务所或审计机构审计的近年财务报表,包括资产负债表、现金流量表、损益表和财务情况说明书以及银行授信额度。核实申请人的资产规模、营业收入、资产负债率及偿债能力、流动资金比率、速动比率等抵御财务风险的能力是否达到资格审查的标准要求。

(4)项目经理、技术负责人及关键岗位技术人员的资格与能力

审核项目经理和其他技术管理人员的履历、任职、类似业绩、技术职称、职业资格等证明材料,评定其是否符合资格预审文件规定的资格、能力要求。

(5)拟投入的施工设备

投标人针对拟投标工程项目而准备投入的机械设备是工程施工不可缺少的关键,应保证在合同实施期内有良好的工作状态。

(6)其　他

审核资格预审申请文件是否满足资格预审文件规定的其他要求,应特别注意是否存在投标人的限制情形。

5.向资格预审申请人公布评审结果

业主应向所有参加资格预审的申请人公布评审结果。

《招标投标法实施条例》第十九条规定,资格预审结束后,招标人应当及时向通过资格预审的申请人发出资格预审合格通知书(见图2-3)。未通过资格预审的申请人不具有投标资格。通过资格预审的申请人少于3个的,应当重新招标。

6.联合体资格预审

两个以上法人或者其他组织可以组成一个联合体,以一个投标人的身份共同投标。投标人可以单独参加资格预审,也可以作为联合体的成员参加资格预审,但不允许任何联合体成员单独就本工程提交或参加一个以上的投标,任何违反这一规定的资格预审申请书将被拒绝。

联合体各方应当具备承担招标项目的相应能力,国家有关规定或者招标文件对投标人资格条件有规定的,联合体各方均应具备规定的相应资格条件。由同一专业的单位组成的联合体,按照资质等级较低的单位确定资质等级。

联合体各方应当签订共同投标协议,明确约定各方拟承担的工作和责任,并将共同投标协议连同投标文件一并提交招标人。联合体中标的,联合体各方应共同与招标人签订合同,就中标项目向招标人承担连带责任。

资格预审合格通知书

致：(预审合格的投标申请人名称)：

鉴于你方参加了我方组织的编号为＿＿＿＿＿＿＿＿＿＿的＿＿＿＿＿＿＿(招标工程项目名称)工程(施工、设计、监理、材料、设备)投标资格预审,并经我方审定,资格预审合格,现通知你方作为资格预审合格的投标人就上述工程施工进行密封投标。

现将其他有关事宜告知如下：

(1) 凭本通知书于＿＿＿＿年＿＿月＿＿日至＿＿＿＿年＿＿月＿＿日,每天上午＿＿时＿＿分至＿＿＿时分,下午＿＿时＿＿分至＿＿时＿＿分(公休日、节假日除外)到＿＿＿＿(地址)＿＿＿＿购买招标文件,每份招标文件的购买费用为人民币＿＿＿＿＿＿元,无论是否中标,该费用不予退还。另需交纳图纸押金人民币＿＿＿＿＿＿元,当投标人退回图纸时,该押金将同时退还给投标人(缺损另计,不计利息)。上述资料如需邮寄,可以书面形式通知招标人,并另加邮费每份人民币＿＿＿＿＿＿元,招标人将立即以航空挂号方式向投标人寄送上述资料,但在任何情况下,如寄送的文件迟到或丢失,招标人均不对此负责。

(2) 收到此通知后＿＿＿日内请以书面形式予以确认。如果你方不准备参加该投标,请于＿＿＿＿年＿＿月＿＿日通知我方,谢谢合作。

招 标 人：＿＿＿＿＿＿(盖章)　　　　招标代理机构：＿＿＿＿＿(盖章)

办公地址：＿＿＿＿＿＿＿＿　　　　　办公地址：＿＿＿＿＿＿＿＿

邮政编码：＿＿＿＿＿＿＿＿　　　　　邮政编码：＿＿＿＿＿＿＿＿

联系电话：＿＿＿＿＿＿＿＿　　　　　联系电话：＿＿＿＿＿＿＿＿

传　　真：＿＿＿＿＿＿＿＿　　　　　传　　真：＿＿＿＿＿＿＿＿

联 系 人：＿＿＿＿＿＿＿＿　　　　　联 系 人：＿＿＿＿＿＿＿＿

＿＿＿＿＿＿年＿＿月＿＿日

图 2 - 3　资格预审合格通知书

联合体参加资格预审的,应符合下列要求：

① 联合体的每一个成员均须提交与单独参加资格预审单位要求一样的全套文件。

② 在资格预审文件中必须规定,资格预审合格后,作为投标人将参加投标并递交合格的投标文件。该投标文件连同合同应共同签署,以便对所有联合体成员作为整体和他们各自作为独立体均具有法律约束力。在提交资格审查有关资料时,应附上联合体协议,该协议中应规定所有联合体成员在合同中共同的和各自的责任。

③ 预审文件须包括一份联合体各方计划承担的合同额和责任的说明,即联合体共同投标协议。联合体的每一个成员需具备执行它所承担的工程的充足经验和能力。

④ 预审文件中应指定一个联合体成员作为主办人(或牵头人)。主办人应被授权代表所有联合体成员接受指令,并且由主办人负责整个合同的全面实施。

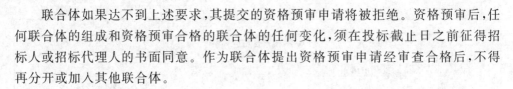

联合体如果达不到上述要求,其提交的资格预审申请将被拒绝。资格预审后,任何联合体的组成和资格预审合格的联合体的任何变化,须在投标截止日之前征得招标人或招标代理人的书面同意。作为联合体提出资格预审申请经审查合格后,不得再分开或加入其他联合体。

2.3.3 资格后审

资格后审是指在开标后对投标人进行的资格审查。经资格后审不合格的投标人的投标应作废标处理。采用资格后审的招标人应当在招标文件中载明对投标人资格要求的条件、标准和方法。

资格后审除了其发生的时间节点不同外,审查工作的内容和方法与资格预审基本一致,都需要对投标人所提交的资格文件进行审查。资格后审评审的标准主要有五个方面,即投标人概况、经验与信誉、财务能力、人员能力和拟投入的施工设备。

资格后审的优点主要有以下几点:

① 参加投标的人相对较多,对业主来讲,选择的余地相对较大。

② 从招标到确定中标人时间较短,潜在投标人的信息得到有效保密,切断了信息传递,减少了围标、串标等现象的发生。

③ 避免借资格预审这一环节,将一些具有某项目投标资格的投标人排挤在外,把"公开招标"变成了"邀请招标",从源头上进一步预防了腐败现象的发生。

资格预审和资格后审各有利弊,在实际操作中也具有很强的互补性。在一般情况下,只要投标人满足招标文件中规定的资质、业绩、人员、财力和信誉等最低条件要求,在报价合理的前提下,应该多采用资格后审,让符合资格的投标人都有同等的机会去参与竞争。在特殊情况下,如建设规模大、技术含量高的项目,也可采用资格后审。

资格预审文件实例

为防止资格后审中可能出现的种种弊端,作为政府和招投标监管部门,要明确资格预审的基本条件,严格资格预审的审批程序,最大限度地减少人为因素的制约,真正体现招投标的公开、公平、公正原则。

2.4 售标、现场踏勘与标前会议

2.4.1 售 标

《招标投标法实施条例》第十六条规定,招标人应当按照资格预审公告、招标公告或者投标邀请书规定的时间、地点发售资格预审文件或者招标文件。资格预审文件或者招标文件的发售期不得少于5日,以便给潜在投标人充分的时间购买。

招标人发售资格预审文件、招标文件收取的费用应当限于补偿印刷、邮寄的成本支出,不得以营利为目的。包括设计图纸在内的招标文件一经售出,不再退还。

而《招标投标法》第二十四条明确规定,招标人应当确定投标人编制投标文件所需要的合理时间;但是,依法必须进行招标的项目,自招标文件开始发出之日起至投标人提交投标文件截止之日止,最短不得少于 20 日。

《招标投标法实施条例》第二十一条规定,招标人可以对已发出的招标文件进行必要的澄清或者修改。澄清或者修改的内容可能影响投标文件编制的,为确保投标人有足够的时间根据澄清或修改的招标文件调整投标文件,招标人应当在投标截止时间至少 15 日前,以书面形式通知所有获取招标文件的潜在投标人;不足 15 日的,招标人应当顺延提交投标文件的截止时间。

2.4.2　现场踏勘

《招标投标法》第二十一条规定,招标人根据招标项目的具体情况,可以组织潜在投标人踏勘项目现场。《招标投标法实施条例》第二十八条规定,招标人不得组织单个或者部分潜在投标人踏勘项目现场。

现场踏勘是指招标人组织投标人对项目实施现场的经济、地理、地质、气候等客观条件和环境进行的现场调查。

招标人在发出招标公告或者投标邀请书以后,可以根据招标项目的实际需要,通知并组织潜在投标人到项目现场进行实地勘察。这样的招标项目通常以工程项目居多。当然,如果项目规模小,现场的地形、地质、地貌等比较简单,勘察、设计等技术资料比较齐全,也可以不组织现场踏勘。

潜在投标人可根据是否决定投标或者编制投标文件的需求,到现场调查,进一步了解招标者的意图和现场周围环境情况,以获取有用信息并据此作出是否投标或投标策略,以及决定投标价格。

投标人如果在现场勘察中有疑问,应当在投标预备会标前以书面形式向招标人提出,但应给招标人留出解答的时间。

招标人应主动向潜在投标人介绍所有现场有关情况,潜在投标人对影响供货或者承包项目的现场条件进行全面考察,包括经济、地理地质、气候、法律环境等情况,对工程建设项目一般应至少了解以下内容:

①　施工现场是否达到招标文件规定的条件。

②　施工的地理位置和地形、地貌。

③　施工现场的地质、土质、地下水位、水文等情况。

④　施工现场的气候条件,如气温、湿度、风力等。

⑤　现场的环境,如交通、供水、供电、污水排放等。

⑥　临时用地、临时设施搭建等,即工程施工过程中临时使用的工棚、堆放材料的库房以及这些设施所占的地方等。

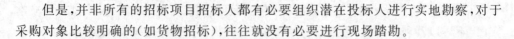

但是,并非所有的招标项目招标人都有必要组织潜在投标人进行实地勘察,对于采购对象比较明确的(如货物招标),往往就没有必要进行现场踏勘。

2.4.3　标前会议

投标人研究招标文件和进行现场踏勘后会以书面形式提出某些质疑,招标人应及时给予书面解答。因此,标前会议(也称答疑会、投标预备会)是指招标人为澄清或解答招标文件或现场踏勘中的问题,同时借此对图纸进行交底和解释,并以会议纪要的形式将解答内容送达所有获得招标文件的投标人,以便投标人更好地编制投标文件而组织召开的会议。标前会议一般安排在招标文件发出后的7~28天内举行。参加会议的人员包括招标人、投标人、代理人、招标文件编制单位的人员、招标投标管理机构的人员等。会议由招标人主持。

1. 标前会议的内容

标前会议的内容一般包括两个方面:

① 介绍招标文件和现场情况,对招标文件进行交底和解释;

② 解答投标人以书面或口头形式对招标文件和在现场踏勘中所提出的各种问题。

2. 标前会议的程序

标前会议的程序具体如下:

① 投标人和其他与会人员签到,以示出席。

② 主持人宣布标前会议开始。

③ 介绍出席会议人员。

④ 介绍解答人,宣布记录人员。

⑤ 解答投标人提出的各种问题和对招标文件进行交底。

⑥ 通知有关事项,如为使投标人在编制投标文件时有足够的时间考虑招标人对招标文件进行修改或补充内容,以及标前会议记录内容,招标人可根据情况决定适当延长投标书递交截止时间,并作通知等。

⑦ 整理解答内容,形成会议纪要,并由招标人、投标人签字确认后宣布会议结束。会后,招标人将会议纪要报招标投标管理机构核准,并将核准后的会议纪要送达所有获得招标文件的投标人。

招标人对任何一位投标人所提问题的回答,都必须以书面形式发送给每一位投标人,以保证招标的公开和公平,但不必说明问题的来源。回答函件作为招标文件的组成部分,如果函件解答的内容与招标文件中的规定不一致,以解答为准。

2.5 开标、评标与定标

定标成交阶段的工作主要包括开标、评标和定标(具体内容将在本书的第 4 章进行详细讲解)。

2.5.1 开 标

1. 开标的组织

一般情况下,开标由招标人主持;在招标人委托招标代理机构代理招标时,开标也可由该代理机构主持。

2. 开标的时间

开标的时间应与提交投标文件的截止时间相一致。将开标的时间定为与提交投标文件截止时间相一致的目的是防止招标人或者投标人利用提交文件截止时间之后与开标时间之前的一段时间间隔,进行暗箱操作。

3. 开标的地点

为了使所有投标人都能知道开标地点,并能够准时到达,开标地点应在招标文件中事先确定,以便使每一个投标人都能事先为参加投标活动做好充分的准备。招标人如果确有特殊原因需要变动开标地点的,则应按照规定对招标文件作出修改,并作为招标文件的补充文件,书面通知每一个提交投标文件的投标人。

4. 开标的形式

(1) 公开开标

公开开标是指邀请所有的投标人参加开标仪式,其他愿意参加者也不受限制,当众公开开标。

(2) 有限开标

有限开标是指只邀请投标人和有关人员参加开标仪式,其他无关人员不得参加,当众公开开标。

(3) 秘密开标

秘密开标是指只有负责招标的组织成员参加开标,不允许投标人参加开标,然后将开标的名次结果通知投标人,不公开报价,其目的是不暴露投标人的准确报价数字。

2.5.2 评 标

1. 评标的概念

所谓评标,是指按照规定的评标标准和方法,对各投标人的投标文件进行评价比较和分析，从中选出最佳投标人的过程。

2．评标的原则

评标的原则有以下几点：

① 客观公正；

② 科学合理；

③ 规范合法。

3．评标的特征

《招标投标法》第三十八条规定："招标人应当采取必要的措施，保证评标在严格保密的情况下进行。任何单位和个人不得非法干预、影响评标的过程和结果。"根据本条规定可知：

① 评标具有保密性；

② 评标具有不受外界干预的特性。

2.5.3 定 标

评标结束后，招标人根据评标组织提出的书面评标报告和推荐的中标候选人确定中标人，也可以授权评标组织直接确定中标人，定标应遵循择优原则。

经评标确定中标人后，招标人应当向中标人发出中标通知书，并同时将中标结果通知所有未中标的投标人，退还未中标投标人的投标保证金。中标通知书对招标人和中标人具有法律效力。中标通知书发出后，招标人改变中标结果的，或者中标人放弃中标项目的，应承担法律责任。

2.5.4 签订合同

中标人收到中标通知书后，招标人、中标人双方应具体协商谈判签订合同事宜，正式签订书面合同。合同订立后，应将合同副本分送各有关部门备案，以便接受保护和监督。至此，招标工作全部结束。招标工作结束后，应将有关文件资料整理归档，以备查考。

2.6 电子招投标

2.6.1 电子招投标概述

近几年，互联网信息技术在招标投标活动中得以迅速、广泛地推广运用，促使电子信息技术与传统招标投标模式相结合，建立起一个基于企业内部网络和外部互联网的多方协同工作的平台，实现了网上进行电子招投标全过程。以电子信息为载体的招标投标形式的出现，使传统纸质形式的招标投标得到了创新性发展。

在《招标投标法》第五条的修改中,加入了"国家鼓励利用信息网络进行电子招投标。数据电文形式与纸质形式的招标投标活动具有同等法律效力"内容。充分利用电子招投标体系,实现招投标市场信息集中动态和立体对称,对于有效发挥社会公众的监督作用,转变和规范招标投标行政监督方式,减少和取消前期行政审批,促进市场主体的诚信自律,从而进一步建立健全招标投标市场的统一开放、透明规范、公平公正、经济高效的现代市场竞争机制,将发挥历史性的积极作用。

2.6.2　电子招投标的发展现状

1. 我国电子招投标发展阶段

早在《招标投标法实施条例》实施之前,我国各地区对电子招投标已有初步的探索和研究,并不断出台新政策以促进电子招投标的发展。从 1999 年我国在外经贸纺织品配额招标中首次使用电子招标方式至今,我国电子招投标的发展主要经历了两大阶段。

第一个阶段,电子招投标发展前期。我国在各个领域、各个地市逐步尝试电子招投标,建立电子招投标平台。经过十多年的发展,电子招投标在我国呈现出快速发展的态势,覆盖领域从简单的货物采购逐步拓展到重大装备的招标采购、政府采购、建筑工程等领域,涵盖了工程、货物与服务三大领域,覆盖范围也从北京、江苏等地逐步扩展到全国各地,电子招投标的实施形式也已从早期的网上发布招标公告、公示中标结果,逐步发展到整个招标过程全部实现电子化。

第二个阶段,电子招投标完善时期。结合当时招投标市场运行情况,为了进一步促进电子招投标的实施,国家开始出台一系列政策,以促进电子招投标市场的健康发展。国家发展和改革委员会及各地方政府出台一系列法规政策,不断完善电子招投标市场。2013 年 5 月,国家发展和改革委员会同有关部门在总结实践的基础上制定了《电子招标投标办法》及其技术规范。《电子招标投标办法》是中国推行电子招投标的纲领性文件,是我国招投标行业发展的一个重要里程碑,从此确定了电子招投标的实施办法,并围绕该实施办法不断研究新政策以促进其成功实施,从而确保电子招投标市场系统的安全、运作规范及各职能部门监管责任的明确。

2. 电子招投标的实施模式

《电子招标投标办法》提出了电子招投标系统分为交易平台、公共服务平台、行政监督平台的总体思路,给电子招投标的发展指明了方向,同时经过多年的实践也证明了其是符合电子招投标各个功能定位的。

(1) 交易平台

交易平台是以数据电文形式完成招标投标交易活动,并通过对接公共服务平台,实现交易信息交互共享和支持行政监督的交易信息载体的基础平台。它可以提供网上策划招标方案、投标邀请、资格预审、发布招标公告、接收投标文件、开标、抽取评标专家、评标、确定中标人、网上缴费、提出异议及归档等功能。

电子招投标交易平台必须依据《电子招标投标办法》及其技术规范的要求建设运营，选择任何一个公共服务平台对接注册，满足交易数据交互共享和行政监督的要求，并通过电子招投标系统检测认证，才能投入运行。交易平台应按照标准统一、互联互通、公开透明、安全高效的原则，按照专业化和市场化要求，依法平等地竞争运营。

（2）公共服务平台

公共服务平台是满足交易平台之间信息交换、资源共享需要，并为市场主体、行政监督部门和社会公众提供市场信息服务的交互枢纽平台。只有通过建立全国电子招投标公共服务平台体系，才有可能打破地方分割和行业闭锁，打通各信息孤岛，才能在全国范围内的不同行业、不同地区、不同主体以及不同时间、不同空间全面客观地共享招标投标市场信息，以此可以充分发挥社会公众监督作用，转变和规范行政监督方式，逐步消除弄虚作假、违法干预和以权谋私现象，有效促进市场的统一开放、公平竞争和主体诚信自律。这是借助电子招投标力量克服和解决传统招投标分割管理体制弊病的核心价值目标。

公共服务平台由国家、省和设区的市人民政府发展改革部门会同有关部门按照政府主导、共建共享、公益服务的原则，推动建设本区域层级的公共服务平台，并按规定与上一层级公共服务平台对接交互信息。国家招标投标公共服务平台于 2015 年 10 月建成运营，各省人民政府根据实际情况可以实行省、市公共服务平台统一合并建设，其服务终端覆盖全省各市、县。

（3）行政监督平台

行政监督平台是行政监督部门和监察机关通过公共服务平台对接多个相关交易平台，在线监督电子招投标活动的信息平台，包括场地监督、数据统计系统和场地系统等。招投标行政监督部门通过该平台受理投诉举报和下达行政处理决定，通过来自公共服务平台的大数据分析，观察市场实时动态，预估行政调控监督政策措施的可行性及可靠性，并实现事中、事后的监督执法，以行政监督的电子化推进招投标全流程的电子化。行政监督平台可以由招投标行政监督部门自行建设，也可以委托公共服务平台一并建设运营或者租赁使用公共服务平台的监督窗口。

电子招投标系统三大平台以交易平台为核心，以公共服务平台、行政监督平台为辅助，实现建设工程招标项目从申报、审核到中标备案的全过程。三大平台必须共同遵守统一的技术标准和数据接口规范，全面开放和公布数据接口以及实现方式，这是实现电子招投标系统各个平台相互连通、信息共享的必要条件。

2.6.3　电子招投标的实务操作特点

组织实施电子招投标除了遵守传统招投标的基本程序外，还应注意以下实务操作特点。

1. 选择合适的交易平台

招标人或招标代理机构在组织电子招标前应选择合适的交易平台,一般可采用以下三种方式:

① 招标人或招标代理机构自行或联合建设和运营交易平台。

② 招标人或招标代理机构租赁使用第三方交易平台。

③ 使用公共资源交易中心所建设的交易平台。

2. 办理注册登记

招标人或招标代理机构应通过选定的交易平台入口客户端在公共服务平台免费办理主体和项目的实名注册登记,同时产生唯一的身份注册编码并可以绑定 CA 证书,投标人可以在参加投标前通过项目交易平台在公共服务平台免费办理注册登记。为了保证信息客观真实并在全国范围内交换共享,满足公共服务平台统一数据规范的要求,各方主体可以自行维护更新注册登记的数据。

3. 编制和发售招标文件

招标项目办理注册登记、策划招标方案及编制招标文件,应当通过交易平台的专用模块进行制作,科学设定和准确导入以下信息:

① 项目身份注册编号、建设项目名称与地址、项目法人名称与注册身份编号、项目规模与资金来源;

② 招标项目名称与代码、招标代理机构名称与代码及代理权限、招标范围及招标方式、招标组织形式等;

③ 投标人资格条件、投标文件编制及合成工具、投标文件加密及解密方法、CA证书约定;

④ 评标办法、合同计价类型、招标工作目标计划、招标项目团队人员的工作职责等相关信息。

通过电子招投标方式,可以有效组织和执行招标投标程序及标准,编制和生成招标公告、招标文件,选取合适的开标、评标标准模块,达到统一共享要素标准的目的,从而提高了制作招标文件的效率,降低了制作招标文件的成本,一定程度上避免了招标中出现的失误与差错。招标公告应当通过交易平台连同国家指定的发布公告媒介及公共服务平台同步进行发布。招标人或者其委托的招标代理机构应当在资格预审公告、招标公告或投标邀请书中载明潜在投标人访问电子招投标交易平台的网址和方法,以便投标人能快速登录到交易平台,并通过网络在交易平台完成预定费用支付后,下载获取资格预审文件或招标文件。运用这种方式可以较大程度提高资格预审文件和招标文件发售的效率,同时降低资格预审文件和招标文件发售的成本。

电子招投标某些环节需要同时使用纸质文件的,应当在招标文件中明确约定;当纸质文件与数据电文不一致时,以数据电文为准,招标文件特别约定的除外。采用电子招投标在线提交投标文件的,从开始发放招标文件之日起,至投标截止时间的期限,最短不得少于 10 天。

4. 编制和提交投标文件

投标人利用资格预审公告、招标公告或投标邀请书载明的交易平台以及平台提供的投标文件编制工具,采用数据电文的形式制作并提交资格预审申请文件和投标文件。

投标人应按照招标文件和交易平台的要求编制并加密投标文件。电子招投标交易平台应允许投标人离线编制投标文件,并且具备分段或者整体加密、解密的功能。

投标人应当在投标截止时间前完成投标文件的传输递交,并可以补充、修改或撤回投标文件。交易平台在投标截止时间前收到投标文件时,应即刻自动地向投标人发出回执确认通知,并妥善保存投标文件。在投标截止时间前,除投标人补充、修改或撤回投标文件外,任何单位和个人不得解密、提取投标文件。投标截止时间前未完成投标文件传输的,视为撤回投标文件。投标人未按规定加密提交的投标文件和投标截止时间后送达的投标文件,电子招投标交易平台应当拒收并作出提示。

5. 电子开标

电子开标是通过互联网及交易平台,在线完成投标文件的拆封与解密,展示唱标内容并形成开标记录的工作程序。电子开标应当按照招标文件确定的时间,在电子招投标交易平台上公开进行,所有投标人均应当准时在线参加开标。

开标时,电子招投标交易平台自动提取所有投标文件,提示招标人和投标人按招标文件规定的方式按时在线解密。解密全部完成后,交易平台应当向所有投标人公布已解密投标文件的开标记录信息,包括投标人名称、投标报价、工期、投标文件递交时间、投标保证金数额等招标文件规定的其他内容。

开标记录经投标人电子签名确认后发布,并通过交易平台同步到其注册的公共服务平台向社会公布,使得招标投标信息进一步公开并接受监督,但依法应当保密的除外。

6. 电子评标

电子评标是由依法组建的评标委员会通过电子招投标交易平台的评标模块,按照招标文件中规定的评标标准和方法,客观、公正地评审投标文件,向招标人推荐中标候选人,编写完成数据电文形式的评标报告的工作程序。电子评标应当在有效监控和保密的环境下在线进行,评标过程中的细节信息应依法做好相对封闭范围内的保密工作。评标委员会对投标文件提出需要澄清和说明的问题及投标人的澄清、答复均应通过交易平台进行数据电文传送,评标过程进行摄影录像,影像资料存档期限为投标有效期结束之日起 90 天以上。

评标委员会完成评标后,通过交易平台撰写和签署形成数据电文形式的评标报告,并通过交易平台提交给招标人。

7. 中标候选人公示及定标

依法必须进行招标的项目,招标人应该在交易平台及其注册的公共服务平台上公示评标结果。公示信息包括招标项目名称、标段编号、中标候选人名称及排序、投标价格、中标价格、公示时间等。

投标人或者其他利害关系人对评标结果有异议的,应在公示期通过交易平台向招标人提出,招标人应当通过电子招投标交易平台作出答复。招标人确定中标人后,应当通过交易平台以数据电文形式向中标人发出中标通知书,并向未中标人发出中标结果通知书。

8. 合同签订与履行

招标人应通过电子招投标交易平台,以数据电文形式与中标人签订合同。国有资金占控股或主导地位的,依法必须进行招标的项目的合同文本应同时交至注册的公共服务平台公布和存档。鼓励招投标主体和监督机构通过交易平台记录其招标项目的合同价格、工期、质量等合同履行中的主要信息,并交互至公共服务平台公布和存档,这将有利于紧密监督招标投标交易行为及合同的履行,并通过大数据分析运用,有效规范公共资源招投标市场交易秩序,推动建设市场主体诚信自律。

❋ 招标文件实例

招标文件

某综合实验楼工程施工招标文件

招标编号:××××〔2019〕××××

招标单位:××市城市建设投资有限公司

代理单位:××××工程招标代理公司

日期:二〇一九年四月二十日

××××综合实验楼建设项目招标公告

××××(公司)受××××(招标人)的委托,就××××综合实验楼建设项目进行公开招标,现欢迎符合相关条件的单位参加投标。

一、招标项目名称及编号

1. 招标项目名称:××××综合实验楼建设项目;

2. 采购编号:×××公开〔2019〕×××号。

二、招标项目简要说明

1. 建设地点:×××××××(详细地址);

2. 资金来源:财政资金及自筹;

3. 工程质量要求:合格;

4. 结构及规模:砖混四层,建筑面积 39319.00 m²;

5. 招标范围:施工图纸及工程量清单所含内容。

三、投标人资质要求

本次招标要求投标人必须具有独立法人资格,房屋建筑工程施工总承包二级及以上资质,拟派项目经理须具有一级建造师及以上资质;报名时投标人必须携带营业执照、税务登记证、安全生产许可证、法人委托书原件、企业资质证书及注册建造师证书(或项目经理证),要求出示有效证件原件,留两份复印件(复印件必须加盖单位印章)。

四、报名信息

1. 报名时间:2019 年××月××日—2019 年××月××日,每天上午 8:30—12:00,下午 14:30—17:00(节假日除外,不少于 5 个工作日)。

2. 报名地点:××××建设工程交易中心××楼××房间。

五、本次招标联系事项

招标人:×××　　联系人:×××

联系电话:×××××××

代理机构:××××公司

联系人:×××

联系电话:×××××××

第一章　投标须知

一、投标须知前附表(表 2-2)

表 2-2　投标须知

序　号	条款号	条款名称	编列内容
1	1.1.2	招标人	名称:××市城市建设投资有限公司 地址:××市××路 联系人:×××　　电话:××××
2	1.1.3	招标代理机构	名称:××工程招标代理公司 地址:××市建设路 30 号　　联系人:×× 电话:××××
3	1.1.4	项目名称	××××综合实验楼建设项目
4	1.1.5	建设地点	××××
5	1.2.1	资金来源	拨款和自筹
6	1.4.4	出资比例	50%
7	1.2.3	资金落实情况	已经落实

续表 2-2

序 号	条款号	条款名称	编列内容
8	1.3.1	招标范围	施工图纸范围内的全部建设工程的施工,包括提供劳务、材料、施工机械及服务
9	1.3.1	计划工期	计划工期:300 日历天 计划开工日期:2019 年 8 月 1 日 计划竣工日期:2020 年 5 月 28 日
10	1.3.1	质量要求	合格
11	1.4.1	投标人资质条件、能力和信誉	资质条件:房屋建筑工程施工总承包二级以上(含二级) 财务要求:须经会计师事务所或审计机构审计的财务会计报表 业绩要求:近三年完成类似项目 3 项 信誉要求:近三年没有发生诉讼及仲裁情况 项目经理(建造师,下同)资格:国家一级建造师 其他要求:技术负责人须为中级职称
12	1.4.1	是否接受联合体投标	☑ 不接受 □ 接受
13	1.9.1	踏勘现场	☑ 不组织 □ 组织,踏勘时间: 踏勘集中地点:
14	1.10.1	投标预备会	□ 不召开 ☑ 召开,召开时间:2019 年 6 月 2 日 上午 8 时 召开地点:××市××路××号
15	1.10.2	投标人提出问题的截止时间	2019 年 6 月 2 日 上午 8 时
16	1.11	分包	□ 允许 ☑ 不允许,分包内容要求: 分包金额要求: 接受分包的第三人资质要求:
17	2.1	构成招标文件的其他材料	
18	2.2.1	投标人要求澄清招标文件的截止时间	2019 年 6 月 2 日 上午 12 时
19	2.2.2	投标截止时间	2019 年 6 月 20 日 9 时
20	2.2.3	投标人确认收到招标文件澄清的截止时间	2019 年 6 月 2 日 上午 12 时
21	2.3.2	投标人确认收到招标文件修改的截止时间	2019 年 6 月 5 日 上午 12 时
22	3.1.1	构成投标文件的其他材料	

续表 2－2

序　号	条款号	条款名称	编列内容
23	3.3.1	投标有效期	<u>45</u> 天
24	3.4.1	投标保证金	投标保证金的形式:银行保函 投标保证金的金额:<u>20</u> 万元
25	3.5.2	近年财务状况的年份要求	<u>3</u> 年
26	3.5.3	近年完成的类似项目的年份要求	<u>3</u> 年
27	3.5.5	近年发生的诉讼及仲裁情况的年份要求	<u>3</u> 年
28	3.2	是否允许递交备选投标方案	☑ 不允许 □ 允许
29	3.5.3	签字或盖章要求	需盖法人印章
30	3.7.4	投标文件副本份数	<u>2</u> 份
31	4.1.2	封套上写明	招标人的地址:××市××路 招标人名称:××市城市建设投资有限公司 <u>××××综合实验楼建设项目</u>(项目名称)<u>建筑工程</u>标段投标文件 在 <u>2019</u> 年 <u>6</u> 月 <u>20</u> 日 <u>9</u> 时 <u>00</u> 分前不得开启
32	4.2.2	递交投标文件地点	××市建设工程交易中心(××市××路××号)
33	4.2.3	是否退还投标文件	□ 否 ☑ 是
34	5.1	开标时间和地点	开标时间:同投标截止时间 开标地点:××市建设工程交易中心(××市××路××号)
35	5.2	开标程序	(1)密封情况检查:由投标人推选的代表检查 (2)开标顺序:投标人报送投标文件的时间先后的逆顺序
36	6.1.1	评标委员会的组建	评标委员会构成:<u>7</u> 人,其中招标人代表 <u>2</u> 人,专家 <u>5</u> 人 评标专家确定方式:专家库中随机抽取
37	7.1	是否授权评标委员会确定中标人	□ 是 ☑ 否,推荐的中标候选人数:
38	7.3.1	履约担保	履约担保的形式:银行保函 履约担保的金额:投标报价的10%

二、投标须知

（一）总 则

1. 工程说明

1.1 本招标工程说明详见本须知前附表。

1.2 本工程业主为＿＿＿＿＿＿＿＿＿＿＿，通过招标方式选定承包人。

2. 招标范围

2.1 本工程招标范围详见本须知前附表第8项。

2.2 本工程质量要求详见本须知前附表第10项。

2.3 本工程工期要求详见本须知前附表第9项。

3. 资金来源

3.1 资金来源详见本须知前附表第5项。

4. 合格的投标人

4.1 投标人资质等级要求详见本须知前附表第11项。

4.2 投标申请人只有获得投标申请人资格预审合格通知书后，才能参加本招标工程的投标。请投标人携带投标人资格预审合格通知书参加发标会并购买招标文件。

4.3 本工程不接受联合体投标。

5. 踏勘现场

5.1 招标人于＿＿＿＿＿年＿＿＿月＿＿＿日发标完后，组织投标人对工程现场及周围环境进行踏勘，以便投标人获取有关编制投标文件和签署合同所涉及现场的资料。

5.2 招标人向投标人提供的有关现场的数据和资料，是招标人现有的能被投标人利用的资料，招标人对投标人做出的任何推论、理解和结论均不负责任。

5.3 经招标人允许，投标人以踏勘目的进入招标人的项目现场，但投标人不得因此使招标人承担有关责任和蒙受损失，投标人应承担踏勘现场的责任和风险。

6. 投标费用

投标人应承担其参加本招标活动自身所发生的一切费用。

（二）招标文件

7. 招标文件的组成

7.1 招标文件包括下列内容：

第一章 招标须知、投标须知前附表；

第二章 合同文件格式及合同条款；

第三章 工程建设标准及技术规范；

第四章 工程量清单；

第五章 图纸；

第六章 投标文件格式。

7.2 招标人以书面形式发出的对招标文件的澄清、修改及补充内容，也是招标文件的组成部分,对投标人起约束作用。

7.3 投标人获取招标文件后,应仔细检查招标文件的所有内容,如有残缺等问题应在获得招标文件2日内向招标人提出,否则由此引起的损失由投标人自己承担。投标人同时应认真审阅招标文件中所有事项、格式、条款和规范要求等,若投标人的投标文件没有按招标文件要求提交全部资料,或投标文件没有对招标文件做出实质性响应,其风险由投标人自行承担,并根据有关条款规定,该投标有可能被拒绝或被判定为无效标书。

7.4 投标人领取图纸时,应向招标人交存_____元图纸押金,当投标人退回图纸时,图纸押金将同时退还给投标人(无息),若图纸出现修改、缺损、丢失等情况时,投标人应予等价赔偿。

7.5 发标时,随招标文件一并发给各投标人"招标文件电子版(光盘)"一套。投标人领取招标文件时,应向招标代理人交纳_____元购买招标文件费用,各投标人应无条件地使用招标文件电子版中工程量清单的全部内容,包括招标人提供的清单数量及表格,否则该投标将被拒绝。

8. 招标文件的澄清

8.1 兹定于_____年____月____日上午____时在_____澄清。

8.2 投标人若对招标文件及图纸(包括清单及工程量)有疑问,请于_____年____月____日下午____时____分前以书面的形式向招标代理单位提出澄清要求。

8.3 招标人将于投标截止时间3日前以书面形式予以澄清,同时将书面澄清文件向所有投标人发送。投标人在收到该澄清文件后应于当日内,以书面形式给予确认,该澄清文件作为招标文件的组成部分,具有约束作用。

注:(1) 若采取由投标人来领取澄清文件,则应由授权代理人签收以示确认。

(2) 若采取以传真方式将澄清文件发给各投标人,则传真文件附有回执,投标人在回执上加盖公章后传真给招标单位以示确认。

9. 招标文件的修改

9.1 招标文件发出后,在提交投标文件截止时间3日前,招标人可对招标文件进行必要的澄清或修改。

9.2 招标文件的澄清或修改将以书面形式发送给所有投标人,投标人应于收到该修改文件后当日内以书面形式给予确认。

9.3 招标文件的澄清、修改、补充等内容均以书面明确的内容形式为准。当招标文件与招标文件的澄清、修改、补充等在同一内容的表述上不一致时,以最后发出的文件或电子版为准。

(三) 投标文件的编制

10. 投标文件的语言及度量衡单位

10.1 投标文件和与投标有关的所有文件均应符合《中华人民共和国国家通用语言文字法》。

10.2 除工程规范另有规定外,投标文件使用的度量衡单位,均采用中华人民共和国法定计量单位。

11. 投标文件的组成

11.1 投标文件由商务标和技术标组成。

11.2 商务部分主要包括下列内容:

  (1) 法定代表人身份证明书;

  (2) 投标文件签署授权委托书;

  (3) 投标书(函);

  (4) 投标保证金交存凭证复印件(由建设单位出具);

  (5) 工程量清单封面及投标报价说明;

  (6) 投标总价表;

  (7) 工程造价汇总表;

  (8) 单位工程造价汇总表;

  (9) 分部分项工程清单计价表;

  (10) 措施项目清单计价表;

  (11) 其他项目清单计价表;

  (12) 规费、税金项目清单计价表;

  (13) 工程量清单综合单价分析表;

  (14) 投标文件电子版(U盘)。

11.3 技术部分主要包括下列内容:

  (1) 项目经理部组成;

  (2) 施工部署及总平面布置;

  (3) 施工进度计划及措施;

  (4) 施工方案;

  (5) 质量、安全保证措施;

  (6) 使用新工艺、新技术的可行性;

  (7) 主要材料、构配件计划;

  (8) 主要机械设备供应计划;

  (9) 劳动力安排;

  (10) 文明施工措施。

11.4 本工程不允许提交替代方案。

12. 投标文件格式

12.1 投标文件包括本须知第11条中规定的内容,投标人提交的投标文件应当使用招标文件所提供的投标文件全部格式(表格可以按同样格式扩展)。

12.2 投标文件电子版是投标文件的重要组成部分。投标人在提交投标文件时,应同时提供其投标文件电子版(U盘)一套。投标文件电子版应装入密封的商务标袋内。

12.3 本投标文件必须使用广联达 GBQ V3.0 版组价软件编制。

13. 投标报价

13.1 本工程的投标报价采用综合单价法,按《浙江省建筑工程工程量清单计价规则》(2013)计价。

13.2 投标报价为投标人充分考虑招标文件的各项条款和所掌握的市场情况及本工程的实际,根据自身情况的自主报价。

13.3 投标人的投标报价,应是完成本招标文件有关条款所列招标工程范围全部工程的总造价。

13.4 投标人投标报价汇总表中的价格均包括完成该工程项目的成本、利润、税金、技术措施费、风险费、保险费等政策性文件规定费用和投标单位必需的其他费用以及合同明示或暗示的所有风险、责任和义务等全部费用。

13.5 凡因投标人对招标文件阅读疏忽或误解,或因对施工现场、施工环境、市场行情等了解不清而造成的后果和风险,由投标人负责。

13.6 凡本招标文件要求及投标人认为需要进行报价的各项费用项目,若投标时未报或未在投标书中予以说明,招标人将按这些费用投标人已取,并已包含在投标报价中对待。

13.7 施工现场水电费计取。水表、电表由承包人负责安装,投标人按照_____市现行的水电费价格自主报价,施工过程中调价风险由承包人承担。

13.8 在投标文件中,投标人要完全响应招标文件的各项要求,投机报价的企业,自行承担相应后果。

14. 投标货币

本工程投标报价采用的币种为人民币。

15. 投标担保

15.1 投标人应在领取施工图纸前,向招标人交存投标保证金 20 万元,交存凭证复印件作为其投标文件的一部分。

15.2 对于未能按要求提交投标保证金的投标,招标代理单位将视为不响应招标文件而予以拒绝。

15.3 未中标的投标人的投标保证金将在中标人与业主签订合同后 5 个工作日内无息退回。

15.4 如投标人发生下列情况之一,投标保证金将被没收:

15.4.1 中标通知发出后中标人放弃中标的。

15.4.2 无正当理由不与招标人签订合同的。

15.4.3 签订合同时向招标人提出附加条件或者更改合同实质性内容的。

16. 投标文件的份数和签署

16.1 投标文件商务标正本____份,副本____份;技术标正本____份,副本

_____份。

16.2　投标文件的正本和副本均需用 A4 纸打印,并应在投标文件封面的右上角清楚地注明"正本"或"副本"。正本和副本如有不一致之处,以正本为准。副本可以是复印件,但印章应是原色章。

16.3　投标文件封面、投标函均应加盖投标人印章及法定代表人或其委托代理人印章。

16.4　除投标人对错误处须修改外,全套投标文件应无涂改或行间插字和增删。如有修改,修改处应加盖投标人的法定代表人或委托代理人的印章。

(四) 投标文件的提交

17. 投标文件的装订、密封和标记

17.1　投标文件应按商务标和技术标的正本、副本分别装订。

17.2　投标文件的包装,采用招标单位所发_____市建设工程招标投标文件专用袋。商务标投标文件袋内装本招标文件第11.2条规定的商务标投标文件(____个正本、____个副本)和投标文件电子版;技术标投标文件袋内装本招标文件第11.3条规定的技术标投标文件(____个正本、____个副本):包装袋用专用封条密封,加盖骑缝章(单位公章和法人代表章或授权代理人印鉴),密封必须完整,未密封的投标文件将不予接收。

17.3　标袋正面上应写明投标人的全称,并加盖单位公章和法人代表章或授权代理人印章。

17.4　开标注意事项。各投标单位参加开标会时,应携带下列证件原件:

17.4.1　项目经理资质等级证书;

17.4.2　法人授权委托书和被委托人的身份证原件。

18. 投标文件的提交地点

投标文件提交地点详见本须知前附表第21项。

19. 投标文件的截止时间

19.1　投标文件提交的截止时间为_____年____月____日____时____分前。

19.2　到投标截止时间为止,招标人收到的投标文件少于 3 个的,招标人将依法重新组织招标。

20. 迟交的投标文件

投标单位在本须知第 21 条规定的投标截止时间以后递交的投标文件,将被拒收。

(五) 开　标

21. 开　标

21.1　开标地点:_____市建设工程招标投标交易中心。

21.2　开标时间:_____年____月____日____时整。

21.3　开标程序:

21.3.1 开标由招标代理单位主持;

21.3.2 开标时由评标委员会共同审验投标人法人代表或法人代表委托代理人的委托证明书及身份证原件、拟建工程项目经理证书原件。

21.3.3 由评标委员会指定的监标人检查投标文件的密封情况。

21.3.4 由开标有关工作人员当众拆封,宣读投标人名称、投标价格和投标文件的其他主要内容,投标人应对唱标结果予以确认。

21.4 招标单位在招标文件要求提交投标文件的截止时间前收到的投标文件,开标时都应当众予以拆封、宣读。

22. 投标文件的有效性

开标时,投标文件出现下列情形之一的,应当视为无效投标文件,不得进入评标。

22.1 投标文件未按照本须知第 17 条的要求装订、密封和标记的;

22.2 投标文件的关键内容字迹模糊、无法辨认的;

22.3 投标人未按照招标文件的要求提供投标保证金的;

22.4 投标人提交的电子版,因投标人原因造成无法阅读的;

22.5 投标人对工程量清单中的各项内容擅自修改的;

22.6 投标文件中单价合计与合价不符,合价、合计与总价不符的;

22.7 投标书提供的书面工程量清单计价表与工程量清单计价表电子版不符的;

22.8 未按投标须知要求提交有效证件的;

22.9 不符合招标文件要求格式的;

22.10 投标人对招标人所给的指定价进行擅自修改的;

22.11 投标人名称或组织机构与资格预审时不一致的;

22.12 在措施项目清单中,"安全文明施工"一项费用必须单独列出,作为不可竞争费用,否则视为废标。

(六)评 标

23. 评标委员会与评标

23.1 评标委员会由招标人依法组建,负责评标活动。

23.2 评标采用保密方式进行。

24. 评标过程的保密

24.1 开标后,直至授予中标人合同为止,凡属于对投标文件的审查、澄清、评价和比较的有关资料,以及中标候选人的推荐情况及与评标有关的其他任何情况,均严格保密。

24.2 在投标文件的评审和比较、中标候选人推荐以及授予合同的过程中,投标人向招标人和评标委员会施加影响的任何行为,都将会导致其投标被拒绝及取消中标资格。

24.3 中标人确定后,招标人不对未中标人就评标过程以及未能中标原因作出任何解释,亦不退回投标文件。未中标人不得向评标委员会组成人员和招标单位或其他有关人员打探评标过程的相关情况和索要材料。

25.投标文件的澄清

为有助于投标文件的审查、评价和比较,评标委员会可以以书面形式要求投标人对投标文件含义不明确的内容作必要的澄清或说明,投标人应采用书面形式进行澄清或说明,但不得超出投标文件的范围或更改投标文件的实质性内容。

26.投标文件的评审

26.1　评标委员会仅对实质上响应招标文件要求的投标文件进行评估和比较。

26.2　在评标过程中,评标委员会可以以书面形式要求投标人就投标文件中含义不明确的内容进行书面说明并提供相关材料。

26.3　评标委员会依据本须知前附表第 23 项规定的评标标准和方法,对投标文件进行评审和比较,向招标人提交书面评标报告,并推荐合格的中标候选人。招标人根据评标委员会提交的书面评标报告和推荐的中标候选人确定中标人,也可以授权评标委员会直接确定中标人。中标候选人确定后招标人应将其公示 10 天,若没有异议则确定中标人。

26.4　评标方法和标准:

26.4.1　技术标评审(每项得 2.1～3.5 分)。

(1)技术标评审(施工组织设计)主要包括下列内容:

① 项目经理部组成;

② 施工部署及总平面布置;

③ 施工进度计划及措施;

④ 施工方案;

⑤ 质量、安全保证措施;

⑥ 使用新工艺、新技术的可行性;

⑦ 主要材料、构配件计划;

⑧ 主要机械设备供应计划;

⑨ 劳动力安排;

⑩ 文明施工措施。

(2)技术标评审方法:

① 对技术标(施工组织设计)进行合格性评审,凡技术标总分小于 21 分或缺项的,视为不合格(若评委单项打分低于 2.1 分,则由该评委对该项打分作出解释并经半数以上评委通过)。评审分为合格与不合格两个档次。凡技术标评审不合格的单位,不再进行商务标的评审,并不得成为中标候选人。

② 当质量、工期、安全任何一项不符合招标文件要求时,则视为该技术标不合格。

③ 对招标文件不完全承诺时,该单位不能作为中标候选人。

④ 当技术标被评为不合格时,必须有2/3以上评委通过。

26.4.2 商务标评审。

(1) 投标总价75分:

① 投标总价上限为招标人标底A(标底在开标前3日公布),下限为低于A所有投标人投标报价算术平均值的0.9倍,在限值以内的投标报价为有效报价。

② 将投标人有效报价去掉一个最高价和一个最低价后的平均值作为基准价C。有效投标报价等于0.95C得75分。与此相比,每多1%扣3分,每低1%扣1分,扣完为止。

(2) 措施项目费5分:按合计值计算,将报价有效的投标人措施项目费的算术平均值作为基准价D,有效投标人的措施项目费在基准价(0.95~1.00)D之内计5分,超出1.00D,每增加1%扣0.02分,低于0.95D,每减1%扣0.01分,扣完为止。凡投标人措施项目费高于标底措施项目费1.05(含1.05)的,该投标人此项得0分。

(3) 主要分部分项工程清单项目综合单价20分:按评标委员会随机确定的评审项目进行评审,一般抽取20项,将报价有效的各投标人所对应的20个分部分项单价分别进行累加,对各投标人的单价集合进行综合评审,评审办法同总价评审办法。

26.4.3 确定中标人。

将投标人以上四项得分进行合计,按照总分由高到低排序,则第1~3名为中标候选人,评标委员会应按照排序确定中标人。若出现得分相等,则由招标人投票确定投标人排名。

26.4.4 其他事项。

(1) 投标人私自改动业主提供的清单量的,视为废标;单价与合价、合价与汇总价及总报价某项不符时,该标书视为废标。

(2) 各项得分计算采用插入法,结果均保留小数点后两位。

(3) 因废标导致有效投标人不足3家时,招标人应重新组织招标。

(4) 评标过程中,若出现本办法规定以外的特殊情况,将暂停评标,有关情况及处理意见经评标委员会研究后,再行评定。

(5) 未尽事宜按有关规定执行。

(6) 本办法招标人拥有解释权。

26.5 经评标委员会评审,合格投标单位少于3个的,招标人应当依法重新招标。

27. 确定中标候选人

27.1 评标委员会汇总入评单位商务标得分,并按由高到低的顺序排出名次,向招标人推荐或确定1~3名为中标候选人。

27.2 当商务标得分出现并列第一、第二、第三名时,比较投标总价,投标总价低者排名在前;若总价一致,由招标人投票确定排名。

27.3 招标人在评标委员会推荐的有排序的1~3名中标候选人中确定中标人。

（七）合同的授予

28．合同的授予标准

本招标工程的施工合同将授予本须知第 26 款、第 27 款所确定的中标人。

29．中标通知书

29.1 中标人确定后，招标人将向_____市招标投标管理办公室提交招标情况的书面报告，招标人将评定结果公示 10 天并无异议后，招标人将向中标人发出中标通知书。

29.2 招标人在发出中标通知书的同时，将中标结果通知未中标的投标人。

29.3 若某一中标人放弃中标，则第二名中标候选人为中标人（依次增补）。如果中标人全部放弃中标，则重新招标。放弃中标者将失去其招标保证金。

30．合同协议书的签订

30.1 招标人与中标人将于中标通知书发出之日起 30 日内，按照招标文件和中标人的投标文件订立书面工程施工合同。

30.2 中标人如不按本投标须知第 31.1 款的规定与招标人订立合同，则招标人可取消其中标资格，投标保证金不予退还，给招标人造成的损失超过投标保证金数额的，还应当对超过部分予以赔偿，同时依法承担相应的法律责任。

30.3 中标人应当按照合同约定履行义务，完成中标项目施工，不得将中标项目施工转让（转包）给他人。

31．履约保证金

31.1 合同协议书签署后，中标人缴纳 40 万元作为本工程履约保证金，待工程竣工验收合格后十日内，如数退还履约保证金（无息）。

31.2 招标人应在办理施工许可证之前，办理等额的支付担保。

（八）承包方式、结算办法及付款方式

32．承包方式

本工程承包方式为：包工包料（甲方特别约定的材料除外）。

33．结算办法

33.1 以施工合同中有关工程结算条款为依据支付工程进度款。

33.2 工程竣工验收后，进行结算。结算以施工合同中有关工程结算条款为依据进行，结算后除预留结算审定总价的 3% 作为工程质量保证金外，其余款项一次结清。

33.3 工程量清单中的设计变更及各类签证的结算处理：套用中标单位相同或相近子目综合单价；无法套用相应子目综合单价的，依据施工图、设计变更、《_____省建设工程工程量清单计价规则》《_____省建筑装饰工程消耗量定额》《_____省建筑装饰工程价目表》及经建设单位认可的材料价格，编制综合单价提交建设单位认可。

33.4 工程量清单中的分部分项工程是按照《_____省建设工程工程量清单计价规则》编制的。各投标人在确定综合单价时，必须按照设计图纸和施工验收规范的要求进行测算。在施工过程中不能以工程量清单中对工程项目特征描述简单等任何理由增加施工签证。

33.5 工程量清单中的漏项、错项及工程量误差的结算处理：对于工程量清单中的漏项、错项及工程量误差超出±3%的项目，中标人依据招标文件、投标用施工图、《_____省建设工程工程量清单计价规则》编制工程量清单，在评标结束10天后，提交招标代理机构审核认可，作为结算依据。除此之外，中标价一次性包死，除变更签证外均不予调整。

34. 付款方式

34.1 本工程施工过程中按季度验工计价，每季度末按照验工计价的80%拨付工程款，待竣工结算资料齐备后扣3%的工程质量保证金，工程竣工后12个月不计息返还工程质量保证金。

34.2 按时发放农民工工资，建设单位有权监督施工单位按月足额发放农民工工资，如有拖欠行为发生，建设单位有权从工程款中扣除代发，并按违约行为处理。

（九）材料、构件、设备供应

35. 材料、构件、设备采供范围及要求

35.1 本工程发包范围内的主要材料（除特别约定外）全部由中标人采购，但须经招标人确认质量。

35.2 中标单位所购材料必须符合设计要求和国家有关标准规范，并具有出厂合格证和技术资料，经监理工程师审查认可后方可使用。

（十）罚　则

36. 工　期

按照中标工期及合同有关条款，工期每提前或推后1天按中标价的万分之一对等奖罚。

37. 工程质量

工程质量未达到中标质量等级的，承包人除按合同价的2%承担违约金外，另按《建设工程质量管理条例》有关规定处理，且返工必须达到符合标准为止。

第二章　合同条款及格式（略）
第三章　工程建设标准及图纸

（1）依据设计文件的要求，本招标工程项目的材料、设备、施工须达到现行中华人民共和国以及省、自治区、直辖市或行业的工程建设标准、规范及相关文件的要求。

（2）招标人提供本工程施工的全部图纸，请各投标人自行核对，如图纸不全或不详，请及时与招标人联系，否则因图纸不全或不详而产生的后果自负。

第四章　工程量清单(略)
第五章　投标文件格式

_____(项目名称)_____标段施工招标

投标文件

投标人：(盖单位章)

法定代表人或其委托代理人：(签字)

_____年____月____日

1. 投标函及投标函附录(投标函附录见表2-3)

投标函

_____(招标人名称)：

(1) 我方已仔细研究了_____(项目名称)_____标段施工招标文件的全部内容,愿意以人民币(大写)_____元(¥_____)的投标总报价,工期____日历天,按合同约定实施和完成承包工程,修补工程中的任何缺陷,工程质量达到____。

(2) 我方承诺在投标有效期内不修改、撤销投标文件。

(3) 随同本投标函提交投标保证金一份,金额为人民币(大写)_____元(¥_____)。

(4) 如我方中标：

① 我方承诺在收到中标通知书后,在中标通知书规定的期限内与你方签订合同。

② 随同本投标函递交的投标函附录属于合同文件的组成部分。

③ 我方承诺按照招标文件规定向你方递交履约担保。

④ 我方承诺在合同约定的期限内完成并移交全部合同工程。

(5) 我方在此声明,所递交的投标文件及有关资料内容完整、真实和准确。

(6) 其他补充说明。

投标人：_____(盖单位章)

法定代表人或其委托代理人：_____(签字)

地　　址：_____

网　　址：_____

电　　话：_____

传　　真：_____

邮政编码：_____

_____年____月____日

表 2-3　投标函附录

序　号	条款名称	合同条款号	约定内容		备　注
1	项目经理	1.1.2.4	姓名：		
2	工期	1.1.4.3	天数：		日历天
3	缺陷责任期	1.1.4.5			
4	分包	4.3.4			
5	价格调整的差额计算	16.1.1	见价格指数权重表		

2. 法定代表人身份证明

法定代表人身份证明

投标人名称：＿＿＿＿＿＿＿

单位性质：＿＿＿＿＿＿＿

地址：＿＿＿＿＿＿＿＿＿　　成立时间：＿＿＿＿＿年＿＿月＿＿日

经营期限：＿＿＿＿＿＿＿

姓名：＿＿＿＿＿　性别：＿＿＿　年龄：＿＿＿　职务：＿＿＿＿＿

系＿＿＿＿＿＿＿（投标人名称）的法定代表人。特此证明。

投标人：＿＿＿＿＿＿＿（盖单位章）＿＿＿＿＿年＿＿月＿＿日

3. 授权委托书

授权委托书

本人＿＿＿＿＿＿＿（姓名）系＿＿＿＿＿＿＿（投标人名称）的法定代表人,现委托＿＿＿＿＿＿＿（姓名）为我方代理人。代理人根据授权,以我方名义(签署、澄清、说明、补正、递交、撤回、修改)＿＿＿＿＿＿＿（项目名称）＿＿＿＿＿＿＿标段施工投标文件、签订合同和处理有关事宜,其法律后果由我方承担。

委托期限：＿＿＿＿＿＿＿,代理人无转委托权。

附:法定代表人身份证明

投标人：＿＿＿＿＿＿＿（盖单位章）

法定代表人：＿＿＿＿＿＿＿（签字）　身份证号码：＿＿＿＿＿＿＿＿＿＿＿＿＿

委托代理人：＿＿＿＿＿＿＿（签字）　身份证号码：＿＿＿＿＿＿＿＿＿＿＿＿＿

＿＿＿＿＿年＿＿月＿＿日

4. 联合体协议书

联合体协议书

＿＿＿＿＿＿＿＿＿＿＿＿＿＿＿（所有成员单位名称)自愿组成＿＿＿＿＿＿＿（联合体名称）联合体,共同参加＿＿＿＿＿＿＿（项目名称）＿＿＿＿＿＿＿标段施工投标。现就联合体投标事宜订立如下协议。

(1)(某成员单位名称)为＿＿＿＿＿＿＿(联合体名称)牵头人。

（2）联合体牵头人合法代表联合体各成员负责本招标项目投标文件的编制和合同谈判活动，并代表联合体提交和接收相关的资料、信息及指示，并处理与之有关的一切事务，负责合同实施阶段的主办、组织和协调工作。

（3）联合体将严格按照招标文件的各项要求，递交投标文件，履行合同，并对外承担连带责任。

（4）联合体各成员单位内部的职责分工如下：_____。

（5）本协议书自签署之日起生效，合同履行完毕后自动失效。

（6）本协议书一式_____份，联合体成员和招标人各执一份。

    注：本协议书由委托代理人签字的，应附法定代表人签字的授权委托书。

牵头人名称：_____（盖单位章）法定代表人或其委托代理人：_____（签字）

成员一名称：_____（盖单位章）法定代表人或其委托代理人：_____（签字）

成员二名称：_____（盖单位章）法定代表人或其委托代理人：_____（签字）

                _____年____月____日

5. 投标保证金

投标保证金

_____（招标人名称）：

鉴于_____（投标人名称，以下称"投标人"）于_____年____月____日参加_____（项目名称）_____标段施工的投标，_____（担保人名称，以下简称"我方"）无条件地、不可撤销地保证：投标人在规定的投标文件有效期内撤销或修改其投标文件的，或者投标人在收到中标通知书后无正当理由拒签合同或拒交规定履约担保的，我方承担保证责任。我方收到你方书面通知后，在7日内无条件向你方支付人民币（大写）_____元。

本保函在投标有效期内保持有效。要求我方承担保证责任的通知应在投标有效期内送达我方。

        担保人名称：_____（盖单位章）

    法定代表人或其委托代理人：_____（签字）

       地 址：_____ 邮政编码：_____

        电 话：_____ 传 真：_____

               _____年____月____日

6. 已标价工程量清单（略）

7. 施工组织设计

（1）投标人编制施工组织设计的要求：编制时应采用文字并结合图、表的形式说明施工方法；拟投入本标段的主要施工设备情况、拟配备本标段的试验和检测仪器设备情况、劳动力计划等；结合工程特点提出切实可行的工程质量、安全生产、文明施工、工程进度、技术组织措施，同时应对关键工序、复杂环节重点提出相应技术措施，如冬天和雨季施工技术、降低噪音、减少环境污染、地下管线及其他地上和地下设施的保护加固措施等。

(2) 施工组织设计除采用文字表述外可附下列图、表,图、表及格式要求附后。

附表一:拟投入本标段的主要施工设备表(略);

附表二:拟配备本标段的试验和检测仪器设备表(略);

附表三:施工计划(略);

附表四:计划开、竣工日期和施工进度网络图(略);

附表五:施工总平面图(略);

附表六:临时用地表(略)。

8. 项目管理机构

(1) 项目管理机构组成表(见表 2-4)。

表 2-4 项目管理机构组成表

职　务	姓　名	职　称	执业或职业资格证明					备　注
			证书名称	级　别	证　号	专　业	养老保险	

(2) 主要人员简历表(见表 2-5)。

《主要人员简历表》中的项目经理应附项目经理证书、身份证、职称证、学历证、养老保险复印件,管理过的项目业绩须附合同协议书复印件;技术负责人应附身份证、职称证、学历证、养老保险复印件,管理过的项目业绩须附证明其所任技术职务的企业文件或用户证明;其他主要人员应附职称证(执业证或上岗证书)、养老保险复印件。

表 2-5 主要人员简历表

姓　名		年　龄		学　历	
职　称		职　务		拟在本合同项目中任职	
毕业学校	年毕业于		学校	专业	
主要工作经历					
时　间	参加过的类似项目		担任职务	发包人及联系电话	

9. 拟分包项目情况表(见表 2-6)

表 2-6　拟分包项目情况表

分包人名称		地　址	
法定代表人		电　话	
营业执照号		资质等级	
拟分包的工程项目	主要内容	预计造价(万元)	已做过的类似工程

10. 资格审查资料

(1) 投标人基本情况表(略);

(2) 近年财务状况表(略);

(3) 近年完成的类似项目情况表(略);

(4) 正在施工的和新承接的项目情况表(略);

(5) 近年发生的诉讼及仲裁情况(略);

(6) 其他材料(略)。

练习题

一、单选题

1. 招标人采用邀请招标方式招标时,应当向( )个以上具备承担招标项目的能力、资信良好的特定的法人或者其他组织发出投标邀请书。

　　A. 3　　　　　　B. 4　　　　　　C. 5　　　　　　D. 2

2. 下列关于联合体共同投标的说法,正确的是( )。

　　A. 两个以上法人或其他组织可以组成一个联合体,以一个投标人的身份共同投标

　　B. 联合体各方只要其中任意一方具备承担招标项目的能力即可

　　C. 由同一专业的单位组成的联合体,投标时按照资质等级较高的单位确定资质等级

　　D. 联合体中标后,应选择其中一方代表与招标人签订合同

二、多选题

下列属于经批准可以进行邀请招标的情形的有( )。

A. 项目技术复杂或有特殊要求,其潜在投标人数量少的

B. 自然地域环境限制的

C. 涉及国家安全、国家秘密、抢险救灾,不宜公开招标的

D. 拟公开招标的费用与项目的价值相比不经济的

E. 法律、法规规定不宜公开招标的

三、问答题

1. 建设工程公开招标应怎样进行资格预审?

2. 简述开标的程序。

3. 建设工程招标文件由哪些内容组成?

4. 何为标底? 建设工程标底的编制方法有哪几种?

5. 投标申请人资格预审文件由哪些内容组成?

第 **3** 章

建设工程投标

【技能目标】

掌握建设工程投标制度的相关基础知识;熟悉投标人在投标阶段的主要工作内容;掌握施工投标的准备工作内容和基本程序;了解资格预审的内容;掌握投标人参加现场踏勘和标前会议的目的和内容;掌握投标文件的组成和编制方法;理解投标文件的补充、修改与撤回;理解投标文件的送达与签收;了解投标有效期、投标保证金、联合体投标;重点掌握建设工程投标实施的范围和建设工程投标工作程序。

【任务项目引入】

某高校要建设学生宿舍楼,投资约 5000 万元人民币,建筑面积约 300000 平方米。前期已由招标代理机构组织完成施工招标文件的编写任务,招标文件通过招标中心的审查,并在建设部门的相关网站上发布招标公告。假如你是某建筑施工企业的法人代表,并取得职业建造师注册资格,你们公司也具备一定的经济、技术实力,并取得了相应的资质等级,你们公司是否准备参加该工程项目的投标工作? 如果准备投标的话是以独立法人的身份投标,还是和其他建筑企业组成联合体投标? 如果准备以独立法人的身份投标,你们将怎样组织项目部和经营部工作人员一起来完成投标? 投标将采取哪一种报价方式?

【任务项目实施分析】

通过本情境的学习,了解建设工程投标中常采取的基本策略和技巧;熟悉建设工程投标程序,建设工程投标报价的构成和编制方法;掌握建设工程投标文件的基本内容,投标文件的编制步骤,投标文件的提交。

3.1　建设工程投标流程

3.1.1　投标人应具备的条件及相关的规定

1. 投标人应具备的条件

我国《招标投标法》规定,投标人是响应招标、参加投标竞争的法人或者其他组织。投标人应当具备承担招标项目的能力。施工招标的投标人是响应施工招标、参与投标竞争的施工企业。投标人应当具备相应的施工企业资质,并在工程业绩、技术能力、项目经理资格条件、财务状况等方面满足招标文件提出的要求。投标人通常应具备下列条件:

① 与招标文件要求相适应的人力、物力和财力。

② 招标文件中要求的资质证书和相应的工作经验与业绩证明。

③ 法律、法规规定的其他条件。

2. 《招标投标法》中与投标人相关的规定

《招标投标法》中与投标人相关的规定主要有以下几个方面:

① 投标人应具备承担招标项目的能力,国家有关规定或者招标文件中对投标人资格条件有规定的,投标人应当具备规定的资格条件。

② 投标人应按照招标文件的要求编制投标文件,投标文件应对招标文件提出的要求和条件做出实质性响应。招标项目属于建设施工的,投标文件的内容应包括拟派出的项目负责人与主要技术人员的简历、业绩和拟用于完成招标项目的机械设备等。

③ 投标人应在招标文件所要求提交投标文件的截止时间前,将投标文件送达投标地点。招标人收到投标文件后,应签收保存,不得开启。招标人在招标文件要求的截止时间后收到的投标文件,应拒收。

④ 投标人在招标文件要求的截止时间前,可以补充、修改或撤回已提交的投标文件并书面通知招标人。补充、修改的内容可作为投标文件的组成部分。

⑤ 投标人根据招标文件载明的项目的实际情况,拟在中标后将中标项目的部分非主体、非关键性工作交由他人完成的,应在投标文件中载明。

⑥ 两个以上法人或者其他组织可以组成一个联合体,以一个投标人的身份共同投标。联合体各方均应具备承担招标项目的相应能力;国家有关规定或者招标文件对投标人资格条件有规定的,联合体各方均应具备规定的相应资格条件。由同一专业的单位组成的联合体,按照资质等级较低的单位确定资质等级。联合体各方应签订共同投标协议,明确约定各方拟承担的工作和责任,并将共同投标协议连同投标文件一并提交招标人。联合体中标的,联合体各方应共同与招标人签订合同,就中标项

目向招标人承担连带责任。招标人不得强制投标人组成联合体共同投标,不得限制投标人之间的竞争。

⑦ 投标人不得相互串通投标报价,不得排挤其他投标人参加公平竞争,损害招标人或其他人的合法权益。

⑧ 投标人不得以低于成本的报价竞标,也不得以他人名义投标或以其他方式弄虚作假,骗取中标。

联合体投标

3.1.2　建设工程投标流程

建设工程投标是建设工程招标投标活动中投标人的一项重要活动,也是建筑企业取得承包合同的主要途径。建设工程投标工作流程见图 3-1。

1. 开展投标前期工作

投标的前期工作包括获取招标信息和前期投标决策两项内容。

(1) 获取招标信息

目前投标人获取招标信息的渠道很多,最普遍的是通过大众媒体所发布的招标公告获取招标信息。投标人必须认真分析、验证所获信息的真实可靠性,并证实其招标项目已批准立项和资金已经落实等。

(2) 前期投标决策

投标人在证实招标信息真实可靠后,还要对招标人的信誉、实力等方面进行了解,根据了解到的情况,正确做出投标决策,以减小工程实施过程中承包方的风险。

2. 参加资格预审

(1) 资格预审文件的编制

投标申请人应按照资格预审文件要求的格式填报相关内容。资格预审文件编制完成后,须由投标人的法定代表人签字并加盖投标人公章、法定代表人印鉴。

(2) 资格预审文件的递交

资格预审文件编制完成后,须按规定进行密封,在要求的时间内报送招标人。

3. 购买招标文件和有关资料,缴纳投标保证金

投标人经资格审查合格后,便可向招标人申购招标文件和有关资料,同时要缴纳投标保证金。投标保证金是为防止投标人对其投标活动不负责任而设定的一种担保形式,是招标文件中要求投标人向招标人缴纳的一定数额的金钱。缴纳办法应在招标文件中说明,并按招标文件的要求进行。

《招标投标法》规定,招标人可以在招标文件中要求投保人提交保证金。投标人不按招标文件要求提交投标保证金的,该投标文件将被拒绝,作废标处理。

(1) 投标保证金的形式与金额

投标保证金的形式除现金外,还可以是银行出具的银行保函、保兑支票、银行汇

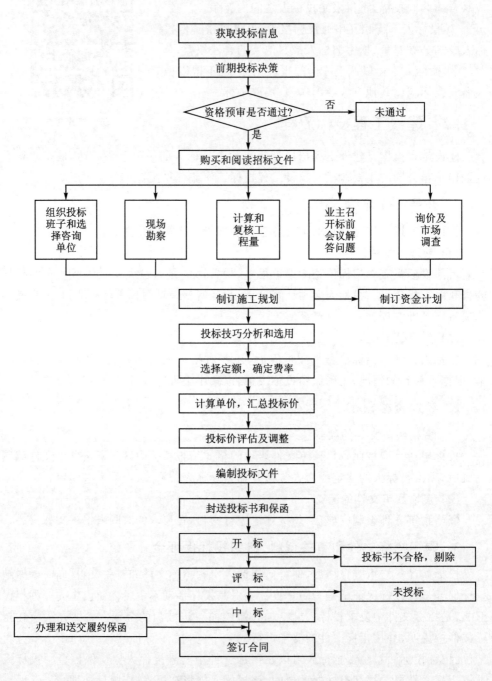

图 3-1　建设工程投标流程

票或现金支票。《招标投标法实施条例》第二十六条规定,招标人在招标文件中要求投标人提交投标保证金的,投标保证金不得超过招标项目估算价的 2%。投标保证金有效期应当与投标有效期一致。依法必须进行招标的项目的境内投标单位,以现金或者支票形式提交的投标保证金应当从其基本账户转出。招标人不得挪用投标保证金。投标人应当按照招标文件要求的方式和金额,将投标保证金随投标文件提交给招标人。

(2)投标保证金的退还

《招标投标法》规定,招标人最迟应在与中标人签订合同后五日内,向中标人和未中标的投标人退还投标保证金及银行同期存款利息。

(3)投标保证金被没收的情形

投标保证金被没收的情形主要有以下两种:

① 投标人在投标有效期内撤销或修改其投标文件;

② 中标人收到中标通知书后,无正当理由拒签合同协议书或未按招标文件规定提交履约担保。

4. 组织投标班子,研究招标文件

购买招标文件后,投标人应认真阅读招标文件中的所有条款。注意投标过程中各项活动的时间安排,明确招标文件中对投标报价、工期、质量等的要求。同时,对招标文件中的合同条款、无效标书的条件等主要内容进行认真分析,理解招标文件的含义。对可能发生疑义或不清楚的地方,应以书面形式向招标人提出。

5. 踏勘现场和参加投标预备会

投标人拿到招标文件后,应进行全面细致的调查研究。若有疑问或不清楚的问题需要招标人予以澄清和解答的,应在收到招标文件后的 7 日内以书面形式向招标人提出。

投标人在去现场踏勘之前,应先仔细研究招标文件的有关概念、含义和各项要求,特别是招标文件中的工作范围、专用条款以及设计图纸和说明等,然后有针对性地拟订出踏勘提纲,确定重点需要澄清和解答的问题,做到心中有数。投标人参加现场踏勘的费用由投标人自己承担。招标人一般在招标文件发出后就着手考虑安排投标人进行现场踏勘等准备工作,并在现场踏勘中对投标人给予必要的协助。

投标人现场踏勘的内容主要包括以下几个方面:

① 工程的范围、性质以及与其他工程之间的关系;

② 投标人参与投标的那一部分工程与其他承包人或分包人之间的关系;

③ 现场地貌、地质、水文、气候、交通、电力、水源等情况,有无障碍物等;

④ 进出现场的方式、现场附近的食宿条件、料场开采条件、其他加工条件、设备维修条件等;

⑤ 现场附近的治安情况。

投标预备会又称答疑会、标前会议，一般在现场踏勘之后的 1～2 天内举行。答疑会的目的是解答投标人对招标文件和在现场踏勘中所提出的各种问题，并对图纸进行交底和解释。

6. 编制投标文件

现场踏勘和举行投标预备会后，投标人开始着手编制投标文件。投标人着手编制和递交投标文件的具体步骤和要求主要包括以下几个方面：

(1) 结合现场踏勘和投标预备会的结果，进一步分析招标文件

招标文件是编制投标文件的主要依据，因此，必须结合已获取的有关信息认真细致地加以分析研究，特别是要重点研究其中的投标须知、专用条款、设计图纸、工程范围以及工程量表等，要弄清到底有没有特殊要求或有哪些特殊要求。

(2) 校核招标文件中的工程量清单

投标人是否校核招标文件中的工程量清单或校核是否准确，直接影响到投标报价和中标机会。因此，投标人应认真对待。通过认真校核工程量清单，投标人大体确定工程总报价之后，估计某些项目工程量可能会增加或减少的，就可以相应地提高或降低单价。发现工程量清单有重大出入的，特别是漏项的，可以找招标人核对，要求招标人认可，并给予书面确认。

(3) 根据工程类型编制施工规划或施工组织设计

施工规划或施工组织设计的内容，一般包括施工程序、方案，施工方法，施工进度计划，施工机械、材料、设备的选定和临时生产、生活设施的安排，劳动力计划，以及施工现场平面和空间的布置。施工规划或施工组织设计的编制依据，主要是设计图纸、技术规范，复核过的工程量，招标文件要求的开工、竣工日期，以及对市场材料、机械设备、劳动力价格的调查。编制施工规划或施工组织设计，要在保证工期和工程质量的前提下，尽可能使成本最低、利润最大。具体要求是，根据工程类型编制出最合理的施工程序，选择和确定技术上先进、经济上合理的施工方法，选择最有效的施工设备、施工设施和劳动组织，周密、均衡地安排人力、物力和生产，正确编制施工进度计划，合理地布置施工现场的平面和空间。

(4) 根据工程价格构成进行工程估价，确定利润方针，计算和确定报价

投标报价是投标的一个核心环节，投标人要根据工程价格构成对工程进行合理估价，确定切实可行的利润方针，正确计算和确定投标报价。投标人不得以低于成本的报价竞标。

(5) 形成、制作投标文件

投标文件应完全按照招标文件的各项要求编制。投标文件应对招标文件提出的实质性要求和条件作出响应，一般不能附带任何附加条件，否则将导致投标无效。编制完成投标文件后，应仔细整理、核对投标文件。投标文件需经投标人的法定代表人签署并加盖公章和法定代表人印鉴，并按招标文件规定的要求密封。

7．递交投标文件

投标人应在招标文件所规定的投标文件递交日期和地点将密封后的投标文件送达给招标人。投标人在递交投标文件以后,在规定的投标截止时间前,可以以书面形式补充、修改或撤回已提交的投标文件,并通知招标人。补充、修改的内容为投标文件的组成部分。在投标截止日期以后,不能更改或撤回投标文件,否则招标人可以不退还其投标保证金。投标截止期满后,投标人少于3个的,招标人将依法重新招标。

投标文件的补充是指对投标文件中遗漏和不足的部分进行增补;修改是指对投标文件中已有的内容进行修订;撤回是指收回全部投标文件,或者放弃投标,或者以新的投标文件重新投标。根据《招标投标法》的规定,投标人在招标文件要求提交投标文件(标书)的截止时间前,可以补充、修改或撤回已提交的投标文件,并书面通知招标人。

在招标投标过程中,由于投标人对招标文件的理解和认识水平不一,导致有些投标人对招标文件产生误解,或遗漏一些重要的内容。此种情形下,投标人可以在提交投标文件截止日前,进行补充或者修改。其补充或修改的要求是:在时间上,必须在招标文件要求提交投标文件的截止时间前;在形式上,必须以书面形式通知招标人;在方式上,必须按照招标文件的要求密封投出。因此,当投标人发现已投出的标书存在严重错误或因故需要修改时,可以在投标文件截止时间前撤回标书,或者对标书进行修改或补充。

在投标截止日期之前,投标人也有权撤回已经递交的投标文件。这充分反映了契约自由的原则,招标一般被看作是要约邀请,而投标则作为一种要约,潜在投标人是否做出要约,完全取决于潜在投标人的意愿。所以在投标截止日期之前,允许投标人撤回投标文件,但撤回已经提交的投标文件必须以书面形式通知招标人,以备案待查。投标人既可以在规定时间内重新编制投标文件,并在规定时间内送达指定地点,也可以撤回投标文件,放弃投标。需要注意的是,如果在投标截止日期之前放弃投标,则招标人不得没收其投标保证金。

8．出席开标会议并接受评标期间的澄清、询问

投标人在编制和提交完投标文件后,应按时参加开标会议。开标会议由投标人的法定代表人或其授权委托代理人参加。如果法定代表人参加开标会议,一般应持有法定代表人资格证明书;如果是委托代理人参加开标会议,一般应持有授权委托书。许多地方规定,不参加开标会议的投标人,其投标文件将不予启封,视为投标人自动放弃本次投标。

在评标过程中,评标组织根据情况可以要求投标人对投标文件中含义不明确的内容做必要的澄清或者说明,这时投标人应积极地予以澄清或者说明,但投标人的澄清或者说明不得超出投标文件的范围或者改变投标文件中的工期、报价、质量、优惠条件等实质性内容。

9. 接受中标通知书,签订合同,提交履约担保

经过评标,投标人被确定为中标人后,应接受招标人发出的中标通知书。中标人在收到中标通知书后,应在规定的时间和地点与招标人签订合同。我国规定招标人和中标人应当自中标通知书发出之日起 30 日内订立书面合同,合同内容应依据招标文件、投标文件的要求和中标的条件签订。招标文件要求中标人需提交履约担保的,中标人应按招标人的要求提供。合同正式签订之后,应按要求将合同副本分送有关主管部门备案。

建设工程投标文件是招标人判断投标人是否愿意参加投标的依据,也是评标委员会进行评审和比较的对象。中标的投标文件和招标文件一起成为招标人和中标人订立合同的法定依据。因此,投标人必须高度重视建设工程投标文件的编制和提交工作。

3.1.3 投标有效期

投标有效期是指招标人对投标人发出的要约做出承诺的期限,也可以理解为投标人为自己发出的投标文件承担法律责任的期限。按照《中华人民共和国合同法》的有关规定,作为要约人的投标人提交的投标文件属于要约。要约通过开标生效后,投标人就不能再行撤回。一旦作为受要约人的招标人做出承诺,并送达要约人,合同即告成立,要约人不得拒绝。在投标有效期截止前,投标人必须对自己提交的投标文件承担相应的法律责任。

关于"投标有效期"的定义,《建设工程施工招标文件(示范文本)》给出了这样的表述:"投标有效期为投标截止日期起至中标通知书签发日期止。在此期限内,所有投标文件均保持有效。"《招标投标法》规定,招标文件应当规定一个适当的投标有效期,以保证招标人有足够的时间完成评标和与中标人签订合同。

投标有效期一方面起到了约束投标人在投标有效期内不能随意更改和撤回投标的作用;另一方面也促使招标方加快评标、定标和签约过程,从而保证投标人的投标不至于因招标方无限期拖延而增加投标人的风险。因为投标人的报价考虑了一定时期内的物价波动风险,一旦超过投标人考虑的时间段,风险将大大增加,所以"投标有效期"对招标人和投标人双方都起到了保护和约束的作用。

1. 有关投标有效期的注意事项

投标有效期的注意事项主要有三点:

① 为了维护投标人的利益,招标文件应当载明投标有效期,即招标人必须在发出招标文件时,规定对投标人做出承诺的期限。

② 投标有效期从提交投标文件截止日起计算,一般不宜超过 90 日。这一规定要求招标人在开标后 90 日内须完成评标、定标、发出中标通知书并与投标人签订合同等工作。

③ 评标和定标应当在投标有效期截止前 30 日完成。不能在投标有效期截止前 30 日完成评标和定标的,招标人应当通知所有投标人延长投标有效期。延长投标有效期给投标人造成损失的,招标人应当给予补偿,因不可抗力需延长投标有效期的除外。

2. 投标有效期的确定

"投标有效期"是从投标截止日期开始计算的,而开标、定标所需时间基本相同,确定"投标有效期"的关键就是评标时间的计算。根据招标项目的性质、规模、评标难易程度等诸多因素的不同,评标时间也有所不同。重要的设备和材料评标时间为 15～30 天;中小型工程评标时间为 15～30 天;大中型工程评标时间为 20～60 天。每个行业领域的投标有效期都不一样,而且和地域也有一定的关系。因此,"投标有效期"的时间要根据具体的项目特点、采购代理机构的实际情况以及地域认真进行分析,全面权衡,最终确定。目前通用的期限一般为 60～120 天。

3. 违约情况的处理

一旦发生了特殊情况,导致评标工作无法在事先约定的"投标有效期"内完成的,在原投标有效期结束前,招标人可以书面形式要求所有投标人延长投标有效期。投标人同意延长的,不得要求或被允许修改其投标文件的实质性内容,但应当相应延长其投标保证金的有效期;投标人拒绝延长的,其投标失效,但投标人有权收回其投标保证金。同意延长投标有效期的投标人少于 3 个的,招标人应当重新招标。

投标实例

3.2　建设工程投标文件的基本内容

建设工程投标文件是工程投标人单方面阐述自己响应招标文件要求,旨在向招标人提出愿意订立合同的意思表示,是投标人确定、修改和解释有关投标事项的各种书面表达形式的统称。投标人在投标文件中必须明确向招标人表示愿以招标文件的内容订立合同的意思;必须对招标文件提出的实质性要求和条件做出响应,不得以低于成本的报价竞标;投标文件必须由有资格的投标人编制;投标文件必须按照规定的时间、地点递交给招标人。否则,该投标文件将被招标人拒收。

投标文件一般由下列内容组成:

① 投标函及投标函附录。
② 法定代表人身份证明。
③ 授权委托书。
④ 联合体协议书。

⑤ 投标保证金保函。

⑥ 已标价工程量清单。

⑦ 施工组织设计。

⑧ 项目管理机构。

⑨ 拟分包项目情况表。

⑩ 资格审查资料。

⑪ 招标文件规定的其他材料。

投标人必须使用招标文件提供的投标文件表格格式,但表格可以按同样的格式扩展。招标文件中拟定的供投标人投标时填写的一套投标文件格式,主要有投标函及其附录、工程量清单与报价表、辅助资料表等。

3.2.1 建设工程投标文件的编制

投标文件应按招标文件和《标准施工招标文件》的"投标文件格式"进行编写,如有必要,可以增加附页,作为投标文件的组成部分。投标文件应当对招标文件有关投标有效期、质量要求、技术标准和要求、招标范围等实质性内容做出响应。

投标文件为正本一份,副本份数见投标人须知前附表。投标文件的正本与副本应分别装订成册,并编制目录,具体装订要求见投标人须知前附表规定。投标文件应用不退色的材料书写或打印,并由投标人的法定代表人或其委托代理人签字或盖章。委托代理人签字的,投标文件应附法定代表人签署的授权委托书。投标文件应尽量避免涂改、行间插字或删除。

❈ 投标文件示例

(一) 封　面

_____（项目名称）_____标段施工招标

投标文件

投标人：_____（盖单位章）

法定代表人或其委托代理人：_____（签字）

_____年____月____日

(二) 投标函及投标函附录

1. 投标函

投标函格式如下：

_____（招标名称）：

(1) 我方已仔细研究了_____（项目名称）_____标段施工招标文件的全部内容,愿意以人民币(大写)_____元(¥_____)的投标总报价,工期____日历天，按合同约定实施和完成承包工程，修补工程中的任何缺陷，工程质量达到____。

（2）我方承诺在投标有效期内不修改、撤销投标文件。

（3）随同本投标函提交投标保证金一份，金额为人民币（大写）_____元。

（4）如我方中标：

① 我方承诺在收到中标通知书后，在中标通知书规定的期限内与你方签订合同。

② 随同本投标函递交的投标函附录属于合同文件的组成部分。

③ 我方承诺按照招标文件规定向你方递交履约担保。

④ 我方承诺在合同约定的期限内完成并移交全部合同工程。

（5）我方在此声明，所递交的投标文件及有关资料内容完整、真实和准确。

（6）_____（其他补充说明）。

投标人：_____（盖单位章）

法定代表人或其委托代理人：_____（签字）

地址：_____ 电话：_____ 邮政编码：_____

_____年____月____日

2. 投标函附录

投标函附录格式见表3-1。

表3-1 投标函附录

序 号	条款内容	合同条款号	约定内容
1	项目经理	1.1.2.4	姓名：
2	工期	1.1.4.3	日历天
3	缺陷责任期	1.1.4.5	
4	承包人履约担保金额	4.2	
5	分包	4.3.4	见分包项目情况表
6	逾期竣工违约金	11.5	元/天
7	逾期竣工违约金最高限额	11.5	
8	质量标准	13.1	
9	价格调整的差额计算	16.1.1	见价格指数权重表
10	预付款额度	17.2.1	
11	预付款保函金额	17.2.2	
12	质量保证金扣留百分比	17.4.1	
13	质量保证金额度	17.4.1	
……	……		

备注：投标人在响应招标文件中规定的实质性要求和条件的基础上，可做出其他有利于招标人的承诺。此类承诺可在本表中予以补充填写

（三）法定代表人身份证明

法定代表人身份证明格式如下：

投标单位名称：_____，单位性质：_____，

地址：_____，成立时间：_____年____月____日，经营期限：_____，

姓名：_____，性别：_____，年龄：_____，职务：_____，系

（投标人名称）的法定代表人。

特此证明。

投标人：_____（盖单位章）_____年____月____日

（四）授权委托书

授权委托书格式如下：

本人_____（姓名）系_____（投标人名称）的法定代表人，现委托_____

（姓名）为我方代理人。代理人根据授权，以我方名义签署、澄清、说明、补正、递交、撤

回、修改_____（项目名称）_____标段施工投标文件、签订合同和处理有关事

宜，其法律后果由我方承担。

委托期限：_____。

代理人无转委托权。

附：法定代表人身份证明。

投标人：_____（盖单位章）

法定代表人：_____（签字）

身份证号码：_____

委托代理人：_____（签字）

身份证号码：_____

_____年____月____日

（五）联合体协议书

联合体协议书格式如下：

_____（所有成员单位名称）自愿组成_____（联合体名称）联合体，共同参

加_____（项目名称）_____标段施工投标。现就联合体投标事宜订立如下

协议。

（1）_____（某成员单位名称）为_____（联合体名称）牵头人。

（2）联合体牵头人合法代表联合体各成员负责本招标项目投标文件编制和合同

谈判活动，并代表联合体提交和接收相关的资料、信息及指示，并处理与之有关的一

切事务，负责合同实施阶段的主办、组织和协调工作。

（3）联合体将严格按照招标文件的各项要求递交投标文件，履行合同，并对外承

担连带责任。

（4）联合体各成员单位内部的职责分工如下：_____。

（5）本协议书自签署之日起生效，合同履行完毕后自动失效。

（6）本协议书一式_____份，联合体成员和招标人各执一份。

注：本协议书由委托代理人签字的，应附法定代表人签字的授权委托书。

牵头人名称：_____（盖单位章）

法定代表人或其委托代理人：_____（签字）

成员_____名称：_____（盖单位章）

法定代表人或其委托代理人：_____（签字）

成员二名称：_____（盖单位章）

法定代表人或其委托代理人：_____（签字）

_____年____月____日

（六）投标保证金保函

投标保证金保函格式如下：

_____（招标人名称）：

鉴于_____（投标人名称）（以下称"投标人"）于_____年____月____日参加_____（项目名称）_____标段施工的投标，_____（担保人名称，以下简称"我方"）无条件地、不可撤销地保证：投标人在规定的投标文件有效期内撤销或修改其投标文件的，或者投标人在收到中标通知书后无正当理由拒签合同或拒交规定履约担保的，我方承担保证责任。收到你方书面通知后，在7日内无条件向你方支付人民币（大写）_____元。

本保函在投标有效期内保持有效。要求我方承担保证责任的通知应在投标有效期内送达我方。

担保人名称：_____（盖单位章）

法定代表人或其委托代理人：_____（签字）

地　　址：_____　邮政编码：____　电话：____　传真：____

_____年____月____日

注：本保函由委托代理人签字的，应附法定代表人签字的授权委托书。

（七）已标价工程量清单（略）

已标价工程量清单按《建设工程工程量清单计价规范》中的相关清单表格式填写。构成合同文件的已标价工程量清单包括有关工程量清单、投标报价以及其他说明的内容。

（八）施工组织设计

1．投标人编制施工组织设计的要求

编制时应采用文字并结合图表形式说明施工方法；拟投入本标段的主要施工设备情况、拟配备本标段的试验和检测仪器设备情况、劳动力计划等；结合工程特点提出切实可行的提高工程质量、安全生产、文明施工、加快工程进度、优化技术组织的措施，同时应对关键工序、复杂环节重点提出相应的技术措施，如冬雨期施工技术、降低噪声、减少环境污染、地下管线及其他地上地下设施的保护加固措施等。

2. 施工组织设计常采用的图表

施工组织设计常采用的图表如下:

(1) 拟投入本标段的主要施工设备表,见表3-2。

表3-2 拟投入本标段的主要施工设备表

序　号	设备名称	型号规格	数　量	国别产地	制造年份	额定功率/kW	生产能力	用于施工部位	备　注

(2) 拟配备本标段的试验和检测仪器设备表,见表3-3。

表3-3 拟配备本标段的试验和检测仪器设备表

序　号	仪器设备名称	型号规格	数　量	国别产地	制造年份	已使用台时数	用　途	备　注

(3) 劳动力计划表,见表3-4。

表3-4 劳动力计划表

工　种	按工程施工阶段投入劳动力情况					

（4）计划开、竣工日期和施工进度网络图。投标人应递交施工进度网络图或施工进度表，说明按招标文件要求的计划工期进行施工的各个关键日期。施工进度表可采用网络图（或横道图）表示。

（5）施工总平面图。投标人应递交一份施工总平面图，绘出现场临时设施布置图表，并附文字说明，说明临时设施、加工车间、现场办公、设备及仓储、供电、供水、卫生、生活、道路、消防等设施的情况和布置。

（6）临时用地表，见表 3-5。

表 3-5　临时用地表

用　途	面积/m²	位　置	需用时间

（九）项目管理机构

（1）项目管理机构组成表，见表 3-6。

表 3-6　项目管理机构组成表

职　务	姓　名	职　称	执业或职业资格证明					备　注
			证书名称	级　别	证　号	专　业	养老保险	

（2）主要人员简历表。主要人员简历表（见表 3-7）中，项目经理的简历表应附项目经理身份证、职称证、学历证、养老保险复印件，管理过的项目业绩须附合同协议书复印件；技术负责人应附身份证、职称证、学历证、养老保险复印件，管理过的项目业绩须附证明其所任技术职务的企业文件或用户证明；其他主要人员的简历表应附职称证（执业证或上岗证书）、养老保险复印件。

表 3-7　主要人员简历表

姓　名		年　龄		学　历	
职　称		职　务		拟在本合同项目中任职	
毕业学校		年毕业于		学校　　专业	
主要工作经历					
时间	参加过的类似项目		担任职务	发包人及联系电话	

（十）拟分包项目情况表

拟分包项目情况表，见表 3-8。

表 3-8　拟分包项目情况表

分包人名称		地　址	
法定代表人		电　话	
营业执照号码		资质等级	
拟分包的工程项目	主要内容	预计造价/万元	已经做过的类似工程

（十一）资格审查资料

（1）投标人基本情况表，见表 3-9。

表 3-9　投标人基本情况表

投标人名称					
注册地址				邮政编码	
联系方式	联系人			电　话	
	传　真			网　址	
组织结构					
法定代表人姓名		技术职称		电　话	

续表 3 - 9

技术负责人姓名		技术职称		电 话	
成立时间		员工总人数：			
企业资质等级		其中	项目经理		
营业执照号			高级职称人员		
注册资金			中级职称人员		
开户银行			初级职称人员		
账 号			技 工		
经营范围					
备 注					

（2）近年财务状况表，又称资产负债表，是表示企业在一定日期（通常为各会计期末）的财务状况的主要会计报表。

（3）近年完成的类似项目情况表，见表 3 - 10。

表 3 - 10 近年完成的类似项目情况表

项目名称	
项目所在地	
发包人名称	
发包人地址	
发包人电话	
合同价格	
开工日期	
竣工日期	
承担的工作	
工程质量	
项目经理	
技术负责人	
总监理工程师及电话	
项目描述	
备注	

（4）正在施工的和新承接的项目情况表，见表 3 - 11。

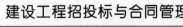

表 3-11　正在施工的和新承接的项目情况表

项目名称	
项目所在地	
发包人名称	
发包人地址	
发包人电话	
签约合同价	
开工日期	
计划竣工日期	
承担的工作	
工程质量	
项目经理	
技术负责人	
总监理工程师及电话	
项目描述	
备注	

（5）近年发生的诉讼及仲裁情况统计表。近年发生的诉讼和仲裁情况仅限于投标人败诉的，且与履行施工承包合同有关的案件，不包括调解结案以及未裁决的仲裁或未终审判决的诉讼。

（6）企业其他信誉情况表（年份要求同诉讼及仲裁情况年份要求）。企业其他信誉情况表主要内容包括：

① 近年企业不良行为记录情况。

② 在施工程以及近年已竣工工程合同履行情况。

③ 其他。

（7）主要项目管理人员简历表。"主要项目管理人员简历表"同"（九）项目管理机构"中的"主要人员简历表"。未进行资格预审但"项目管理机构"部分已有本表内容的，无须重复提交。

（十二）其他材料

其他材料指招标人要求提交的上述未提到的材料。

3.2.2　编制工程投标文件的注意事项

编制工程投标文件的注意事项主要有以下几点：

① 投标人编制投标文件时必须使用招标文件提供的投标文件表格格式，但表格可以按同样的格式扩展。投标保证金、履约保证金的方式，按招标文件有关条款的规

定可以选择。投标人根据招标文件的要求和条件填写投标文件的空格时,凡要求填写的空格都必须填写,不得空缺不填,否则即被视为放弃意见。实质性的项目或数字,如工期、质量等级、价格等未填写的,将被作为无效或作废的投标文件处理。应按规定的日期将投标文件送交招标人,等待开标、决标。

② 应当编制的投标文件"正本"仅一份,"副本"则按招标文件前附表所述的份数提供,同时要明确标明"投标文件正本"和"投标文件副本"字样。投标文件正本和副本如有不一致之处,以正本为准。

③ 投标文件正本与副本均应使用不能擦去的墨水打印或书写,各种投标文件的填写都要字迹清晰、端正,补充设计图纸要整洁、美观。

④ 所有投标文件均由投标人的法定代表人签署、加盖印鉴,并加盖单位法人公章。

⑤ 填报投标文件应反复校核,保证分项和汇总计算均无错误。全套投标文件均应无涂改和行间插字,除非这些删改是根据招标人的要求进行的,或者是投标人造成的必须修改的错误。修改处应由投标文件签字人签字证明并加盖印鉴。

⑥ 如招标文件规定投标保证金为合同总价的某百分比,则开投标保函不要太早,以防泄漏己方报价,但有的投标商会提前开出并故意加大保函金额,以麻痹竞争对手。

⑦ 投标人应将投标文件的正本和每份副本分别密封在内层包封,再密封在一个外层包封中,并在内包封上正确标明"投标文件正本"和"投标文件副本"。内层和外层包封都应写明招标人名称和地址、合同名称、工程名称、招标编号,并注明开标时间以前不得开封。在内层包封上还应写明投标人的名称、地址与邮政编码,以便投标出现逾期送达时能原封退回。如果内外层包封没有按上述规定密封并加写标志,招标人将不承担投标文件错放或提前开封的责任,由此造成的提前开封的投标文件将被拒绝,并退还给投标人。投标文件递交至招标文件前附表所述的单位和地址。

投标文件有下列情形之一的,在开标时将被作为无效或作废的投标文件,不能参加评标:

① 投标文件未按规定标志、密封的;

② 未经法定代表人签署或未加盖投标人公章或未加盖法定代表人印鉴的;

③ 未按规定的格式填写,内容不全或字迹模糊辨认不清的;

④ 投标截止时间以后送达的。

3.3 编制投标报价

3.3.1 工程投标报价的编制原则及影响因素

工程报价是投标的关键性工作,也是整个投标工作的核心。它不仅是能否中标

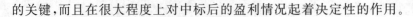

的关键,而且在很大程度上对中标后的盈利情况起着决定性的作用。

1．工程投标报价的编制原则

工程投标报价的编制原则主要有以下几点:

① 必须贯彻执行国家有关政策和方针,符合国家的法律、法规和公共利益。

② 认真贯彻等价有偿的原则。

③ 工程投标报价的编制必须建立在科学分析和合理计算的基础之上,要较准确地反映工程价格。

2．影响投标报价计算的主要因素

认真计算工程价格、编制好工程报价是一项很严肃的工作。采用哪一种计算方法进行计价应视工程招标文件的要求而定,但不论采用哪一种方法都必须抓住编制报价的主要因素。

(1) 工程量

工程量是计算报价的重要依据。多数招标单位在招标文件中均附有工程实物量。因此,必须进行全面的或者重点的复核工作,核对项目是否齐全、工程做法及用料是否与图纸相符,重点核对工程量是否正确,以求工程量的准确性和可靠性。在此基础上再进行套价计算。另一种情况就是标书中根本没有给出工程量数字,在这种情况下就要组织人员进行详细的工程量计算工作,即使时间很紧迫也必须进行计算。否则会影响编制报价。

(2) 工程单价

工程单价是计算标价的又一个重要依据,同时又是构成标价的第二个重要因素。单价的正确与否,直接关系到标价的高低。因此,必须十分重视工程单价的制定或套用。制定的根据:一是国家或地方规定的预算定额、单位估价表及设备价格等;二是人工、材料、机械使用费的市场价格。

(3) 其他各类费用的计算

这是构成报价的第三个主要因素。这个因素占总报价的比重是很大的,少者占20%～30%,多者占40%～50%。因此,应重视其计算。

为了简化计算,提高工效,可以把所有的各种费用都折算成一定的系数计入报价。计算出直接费用后再乘以这个系数就可以得出总报价了。工程报价计算出来以后,可用多种方法进行复核和综合分析。之后再认真、详细地分析风险、利润、报价让步的最大限度,而后参照各种信息资料以及预测的竞争对手的相关情况,最终确定实际报价。

3.3.2 工程量清单计价报价的编制

根据《建筑安装工程费用项目组成》的规定,建筑安装工程费按造价形成划分,由分部分项工程费、措施项目费、其他项目费、规费、税金五部分组成。根据《建设工程工程量清单计价规范》(GB 50500—2013)(简称《计价规范》)进行投标报价。依据招标人在招标文件中提供的工程量清单计算投标报价。

1. 工程量清单计价投标报价的构成

工程量清单计价方法,是建设工程招标投标中,招标单位按照国家统一的工程量计算规则提供工程数量,由投标单位依据工程量清单自主报价,并按照经过评审的合理低价标中标的工程造价计价方式。

工程量清单,是表现拟建工程的分部分项工程项目、措施项目、其他项目名称和相应数量的明细清单,由招标单位按照《计价规范》附录中统一的项目编码、项目名称、计量单位和工程量计算规则进行编制,包括分部分项工程量清单、措施项目清单、其他项目清单。

工程量清单计价,是指投标单位完成由招标单位提供的工程量清单所需的全部费用,包括分部分项工程费、措施项目费、其他项目费和规费、税金。

工程量清单计价采用综合单价计价。综合单价是指完成规定计量单位项目所需的人工费、材料费、机械使用费、管理费、利润,并考虑风险因素。

① 分部分项工程费是指完成"分部分项工程量清单"项目所需的工程费用。投标人根据企业自身的技术水平、管理水平和市场情况填报分部分项工程量清单计价表中每个分项的综合单价,每个分项的工程数量与综合单价的乘积即为合价,再将合价汇总就是分部分项工程费。

② 措施项目费用是指为完成工程项目施工,发生于该工程施工前和施工过程中技术、生活、安全等方面的非工程实体项目所需的费用,其金额应根据拟建工程的施工方案或施工组织设计及其综合单价确定,措施项目见表 3-12。

表 3-12　措施项目一览表

序　号	项目名称
1. 通用项目	
1.1	环境保护
1.2	文明施工
1.3	安全施工
1.4	临时设施
1.5	夜间施工
1.6	二次搬运
1.7	大型机械设备进出场及安拆
1.8	混凝土、钢筋混凝土模板及支架
1.9	脚手架
1.10	已完工程及设备保护
1.11	施工排水、降水

序　号	项目名称
2. 建筑工程	
2.1	垂直运输机械
3. 装饰装修工程	
3.1	垂直运输机械
3.2	室内空气污染测试
4. 安装工程	
5. 市政工程	

③ 其他项目费是指分部分项工程费和措施项目费以外的，在工程项目施工过程中可能发生的其他费用。工程建设标准的高低、工程的复杂程度、工程的工期长短、工程的组成内容、发包人对工程管理的要求等都直接影响其他项目清单的具体内容，一般其他项目清单包括暂列金额、暂估价、计日工和总承包服务费。其不足部分，编制人可根据工程的具体情况进行补充。

④ 规费和税金。

a. 规费包括：工程排污费、工程定额测定费、养老保险费、失业保险费、医疗保险费、住房公积金和危险作业意外伤害保险费。

b. 税金包括：应计入工程造价内的营业税、城市维护建设税和教育费附加。

2. 工程量清单计价投标报价表的编制

① 封面及扉页。

a. 封面形式如下：

××××工程

工程量清单报价表

投标人：_____（单位签字盖章）

法定代表人：_____（签字盖章）

造价工程师及注册证书号：_____（签字盖执业专用章）

编制时间：

b. 扉页形式如下：

投标总价

建设单位：_____工程名称：

投标总价（小写）：

（大写）：

投标人：_____（单位签字盖章）法定代表人：_____（签字盖章）

编制时间：

② 工程项目总价表格式见表 3 - 13。

表 3 - 13　工程项目总价表

工程名称：　　　　　　　　　　　　　　　　　　　　　　　　　　　　　第 页 共 页

序　号	单项工程名称	金额/元
合　计		

③ 单项工程费汇总表格式见表 3 - 14。

表 3 - 14　单项工程费汇总表

工程名称：　　　　　　　　　　　　　　　　　　　　　　　　　　　　　第 页 共 页

序　号	单项工程名称	金额/元
合　计		

④ 单位工程费汇总表格式见表 3 - 15。

表 3 - 15　单位工程费汇总表

序　号	项目名称	金额/元
1	分部分项工程量清单计价合计	
2	措施项目清单计价合计	
3	其他项目清单计价合计	
4	规费	
5	税金	
合　计		

⑤ 分部分项工程量清单计价表格式见表 3 - 16。

表 3 - 16　分部分项工程量清单计价表

序　号	项目编码	项目名称	项目特征描述	计量单位	工程量	金额/元		
						综合单价	合　价	其中:暂估价
本页合计								
合计								

⑥ 措施项目清单计价表格式见表 3 - 17。

表 3-17　措施项目清单计价表

序　号	项目名称	计算基础	费率(%)	金额/元
合　计				

⑦ 其他项目清单计价表格式见表 3-18。

表 3-18　其他项目清单计价表

序　号	项目名称	金额/元
1	招标人部分	
小　计		
2	投标人部分	
小　计		
合　计		

⑧ 分部分项工程量清单综合单价分析表格式见表 3-19。

表 3-19　分部分项工程量清单综合单价分析表

序　号	项目编码	项目名称	工程内容	综合单价组成/元					综合单价/元
				人工费	材料费	机械使用费	管理费	利润	

⑨ 措施项目费分析表格式见表 3-20。

表 3-20　措施项目费分析表

序　号	措施项目名称	单　位	数　量	金额/元					
				人工费	材料费	机械使用费	管理费	利润	小　计
小　计									

⑩ 主要材料价格表格式见表 3-21。

3. 工程量清单计价格式填写规定

① 工程量清单计价格式应由投标人填写。

② 封面应按规定内容填写、签字、盖章。

③ 投标总价应按工程项目总价表合计金额填写。

表 3－21　主要材料价格表

序　号	材料编码	材料名称	规格、型号等特殊要求	单　位	单价/元

④ 工程项目总价表：

a. 表中单项工程名称应按单项工程费汇总表的工程名称填写。

b. 表中金额应按单项工程费汇总表的合计金额填写。

⑤ 单项工程费汇总表：

a. 表中单位工程名称应按单位或工程费汇总表的工程名称填写。

b. 表中金额应按单位工程费汇总表的合计金额填写。

⑥ 单位工程费汇总表中的金额应分别按照分部分项工程量清单计价表、措施项目清单计价表和其他项目清单计价表的合计金额及规定计算的规费、税金填写。

⑦ 分部分项工程量清单计价表中的序号、项目编码、项目名称、计量单位、工程数量必须按分部分项工程量清单中的相应内容填写。

⑧ 措施项目清单计价表：

a. 表中的序号、项目名称必须按措施项目清单中的相应内容填写。

b. 投标人可根据施工组织设计采取的措施增加项目。

⑨ 其他项目清单计价表：

a. 表中的序号、项目名称必须按其他项目清单中的相应内容填写。

b. 招标人部分的金额必须按招标人提出的数额填写。

⑩ 分部分项工程量清单综合单价分析表和措施项目费分析表，应根据招标人提出的要求填写。

⑪ 主要材料价格表：

a. 招标人提供的主要材料价格表应包括详细的材料编码、材料名称、规格型号和计量单位等。

b. 所填写的单价必须与工程量清单计价中采用的相应材料的单价一致。

3.4　投标报价策略

3.4.1　投标报价目的的确定

由于投标单位的经营能力和条件不同，出于不同目的的需要，对同一招标项目，可以有不同的选择。

1. 生存型

生存型投标报价是以克服企业生存危机为目标,争取中标,可以不考虑种种利益原则。

2. 补偿型

补偿型投标报价是以补偿企业任务不足,以追求边际效益为目标。

3. 开发型

开发型投标报价是以开拓市场、积累经验、向后续投标项目发展为目标。投标带有开发性,以资金、技术投入手段进行技术经验储备,树立新的市场形象,以便争得后续投标的效益。

4. 竞争型

竞争型投标报价是以竞争为手段,以低盈利为目标,报价是在精确计算报价成本基础上,充分估价各个竞争对手的报价目标,以有竞争力的报价达到中标的目的。

5. 盈利型

盈利型投标报价是自身优势明显,投标单位以实现最佳盈利为目标,对效益无吸引力的项目热情不高,对盈利大的项目充满自信,也不太注重对竞争对手的动机分析和对策研究。不同投标报价目标的选择是依据一定的条件进行分析决定的。竞争性投标报价目标是投标单位追求的普遍形式。

3.4.2 投标决策因素

影响投标决策的因素很多,但归纳起来主要有投标人自身因素、外部环境因素、项目自身因素。

1. 投标人自身因素

投标人自身的条件是投标决策的决定性因素,主要从技术、经济、管理、企业信誉等方面去衡量是否达到招标文件的要求,能否在竞争中取胜(见表3-22)。

(1) 技术方面的实力

技术实力不但决定了承包商能承揽的工程的技术难度和规模,而且是实现较低的价格、较短的工期、优良的工程质量的保证,直接关系到承包商在投标中的竞争力。技术实力体现在:

① 有由精通本行业的估算师、建筑师、工程师、会计师和管理专家组成的组织机构;

② 有工程项目设计、施工专业特长,能解决技术难度大和各类工程施工中的技术难题的能力;

③ 有国内外与招标项目同类型工程的施工经验;

④ 具有一定技术实力的合作伙伴,如实力较强的分包商、合营伙伴。

(2) 经济方面的实力

① 资金周转实力。具有一定的资金用来周转支付施工用款,具有一定的固定资产和机具设备及其投入所需的资金。大型施工机械的投入,不可能一次摊销,因此新增施工机械将会占用一定的资金。另外,为完成项目必须要有一批周转材料,如模板、脚手架等,这也是占用资金的组成部分。

② 支付各种担保的能力。承包国内工程需要担保,承包国际工程更需要担保,不仅担保的形式多种多样,而且费用也较高,诸如投标保函(或担保)、履约保函(或担保)、预付款保函(或担保)、缺陷责任保函(或担保),等等。

表 3 - 22 影响投标决策的自身因素

序 号	项 目	内 容
1	技术方面的实力	(1) 有由精通本行业的估算师、建筑师、工程师、会计师和管理专家组成的组织机构。 (2) 有工程项目设计、施工专业特长,能解决技术难度大的问题和各类工程施工中的技术难题的能力。 (3) 具有同类工程的施工经验。 (4) 具有一定技术实力的合作伙伴,如实力强的分包商、合营伙伴和代理人等。 技术实力是实现较低的价格、较短的工期、优良的工程质量的保证,直接关系到企业在投标中的竞争能力
2	经济方面的实力	(1) 具有一定垫付资金的能力。 (2) 具有一定的固定资产和机具设备,并能投入所需资金。 (3) 具有一定的资金用来周转支付施工用款。因为对已完成的工程量需要监理工程师确认后并经过一定的手续、一定的时间后才能将工程款拨入。 (4) 承担国际工程还需筹集承包工程所需的外汇。 (5) 具有支付各种担保的能力。 (6) 具有支付各种纳税和保险的能力。 (7) 由于不可抗力带来的风险即使是属于业主的风险,承包商也会有损失;如果不属于业主的风险,则承包商的损失更大。因此承包商要有财力承担不可抗力带来的风险。 (8) 承担国际工程往往需要重金聘请有丰富经验或有较高地位的代理人,也需要承包商具有这方面的支付能力
3	管理方面的实力	拥有高素质的项目管理人员,特别是懂技术、会经营、善管理的项目经理人选,能够根据合同的要求,高效率地完成项目管理的各项目标,通过项目管理活动为企业创造较好的经济效益和社会效益
4	信誉方面的实力	承包商一定要有良好的信誉,这是投标中标的一条重要条件。要建立良好的信誉,就必须遵守法律和行政法规,或按国际惯例办事;同时,要认真履约,保证工程的施工安全、工期和质量,而且各方面的实力要雄厚

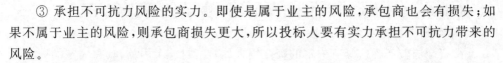

③ 承担不可抗力风险的实力。即使是属于业主的风险,承包商也会有损失;如果不属于业主的风险,则承包商损失更大,所以投标人要有实力承担不可抗力带来的风险。

(3) 管理方面的实力

建筑承包市场属于买方市场,承包工程的合同价格由作为买方的发包方起支配作用。承包商为打开承包工程的局面,应以低报价甚至低利润取胜。为此,承包商必须在成本控制上下功夫,向管理要效益,如缩短工期、进行定额管理、辅以奖罚办法、减少管理人员、工人一专多能、节约材料、采用先进的施工方法不断提高技术水平等,特别是要有"重质量""重合同"的意识,并有相应的切实可行的措施。

(4) 信誉方面的实力

投标人的信誉实力主要考虑下列因素:

① 企业履约情况;

② 获奖情况;

③ 资信情况和经营作风。

承包商的信誉是其无形资产,这是企业竞争力的一项重要内容。因此,在做投标决策时应正确评价自身的信誉实力。

(5) 企业的发展战略

企业的发展战略一般有三种:一是为了取得业务,满足企业生存需要,就会选择有把握的项目投标,采取低价或者保本的策略争取中标。二是市场竞争激烈,为了拓展市场,树立良好的市场形象,提高企业信誉,投标人就会采取各种有效的策略和技巧去争取中标,并取得一定的利润。三是如果企业经营业务饱满,投标人就会选择获取较高利润的策略去投标。

2. 外部环境因素

(1) 竞争对手环境

竞争对手的数量、实力在一定程度上决定了竞争的激烈程度。竞争越激烈,中标概率越小。

(2) 地理自然环境

地质、地貌、水文、气象情况、交通环境等在一定程度上决定了项目实施的难度,例如运输条件差、工程地质情况不好,会导致施工机械设备增加、工期延长、成本增加。

(3) 市场经济环境

材料市场、劳动力市场、机械设备市场的供应情况和价格情况会影响投标报价决策。

3. 项目自身因素

项目的规模、工期要求、质量要求、工程复杂难易程度、材料、劳动力条件等均会影响项目的利润水平,因此是投标决策的影响因素。

3.4.3　投标人报价策略

1. 不平衡报价

不平衡报价是指一个工程项目总报价基本确定后,通过调整内部各个项目的报价,以期既不提高总报价,不影响中标,又能在结算时得到更理想的经济效益。一般可以考虑在以下几个方面采用不平衡报价。

① 前高后低。能够早日结算的费用,例如土石方工程、基础工程可以适当提高报价,以利于资金周转,提高资金时间价值;后期工程项目,如设备安装、装饰工程等的报价可以适当降低。但是这种方法对竣工后一次结算的工程不适用。

② 预计工程量增加的项目提高单价。工程量有可能增加的项目单价可适当提高,反之则适当降低。这种方法适用于按工程量清单报价、按实际完成工程量结算工程款的招标工程。工程量有可能增减的情形主要有:校核工程量清单时发现的实际工程量将增减的项目;图纸内容不明确或有错误,修改后工程量将增减的项目;暂定工程中预计要实施(或不实施)的项目所包含的分部分项工程等。

③ 工程内容说明不清的报低价。可以在工程实施阶段再寻求提高单价的机会。

④ 综合单价中的人、机价格,可提高报价。有时招标文件要求投标人对工程量大的项目报"综合单价分析表",投标时可将单价分析表中的人工费和机械费报高,材料费报低,今后在对补充项目报价时,可以参考选用综合单价分析表中较高的人工费和机械费,而材料则往往采用市场价,通过此举可以获得较高的利润。

不平衡报价实例

应用不平衡报价法的注意事项:注意避免各项目报价过高或过低,否则有可能失去中标机会。不平衡报价法详见表 3 - 23。

2. 多方案报价法

多方案报价法是投标人针对招标文件中的某些不足,提出有利于业主的替代方案(又称备选方案),用合理化建议吸引业主争取中标的一种投标技巧。对于一些招标文件,如果发现工程范围不是很明确、条款不清楚或技术规范要求过于苛刻时,则要在充分估计风险的基础上,按多方案报价法处理,即按原招标文件报一个价,然后再提出如某某条款做某些变动,降价可降低多少,由此可报出一个较低的价。这样可以降低总价,吸引招标人。但是如果招标文件明确表示不接受替代方案,则应放弃采用多方案报价法。

表 3 - 23 不平衡报价法

序　号	信息类型	变动趋势	不平衡结果
1	资金收入的时间	早	单价高
		晚	单价低
2	清单工程量不准确	增加	单价高
		减少	单价低
3	报价图纸不明确	增加工程量	单价高
		减少工程量	单价低
4	暂定工程	自己承包的可能性高	单价高
		自己承包的可能性低	单价低
5	单价组成分析表	人工费和机械费	单价高
		材料费	单价低

3. 增加建议方案法

有时招标文件中规定,可以提一个建议方案,即可以修改原设计方案,提出投标者自己的方案。投标人应抓住机会,组织一批有经验的设计和施工的专业人员,对原招标文件的设计和施工方案仔细研究,提出更为合理的方案以吸引招标人,促成自己的方案中标。这种新建议方案可以降低总造价或是缩短工期,或使工程运用更为合理。但须注意的是,对原方案一定也要报价。

增加建议方案时,不要将方案写得太具体,要保留方案的关键技术,防止业主将此方案交给其他承包商。同时要强调的是,建议方案一定要比较成熟,或过去有这方面的实践经验。因为投标时间往往较短,如果仅为中标而匆忙提出一些没有把握的建议方案,则可能会引发很多后患。

4. 突然降价法

报价是一件保密性很强的工作,但是对手往往通过各种渠道、手段来刺探情况,因此在报价时可以采取迷惑对方的手法,即先按一般情况报价或表现出自己对该工程兴趣不大,到投标快要截止时,再突然降价。如鲁布革水电站引水系统工程项目,在招标截止日期临近时,日本大成公司突然降价,取得了最低标,为以后中标打下了基础。采用这种方法时,一定要在准备投标报价的过程中考虑好降价的幅度,在临近投标截止日期前,根据情报信息与分析判断,再作最后决策。如果采用突然降价法而中标,因开标只降总价,所以可在签订合同后采用不平衡报价的方法调整工程量表内的各项单价或价格,以期取得更高的效益。

5. 许诺优惠条件

投标报价附带优惠条件是一种行之有效的手段,招标人评标时,除了主要考虑报价和技术方案外,还要分析别的条件,如工期、支付条件等。所以在投标时主动提出提前竣工、低息贷款、赠予施工设备、免费转让新技术或某种技术专利、代为培训人员等,均是吸引招标人、利于中标的辅助手段。

6. 先亏后盈法

先亏后盈法是指有的承包商为了打入某一地区市场,依靠国家、某财团和自身的雄厚资本实力而采取的一种不惜代价、只求中标的低价报价方案。应用这种手法的承包商必须有较好的资信条件,并且提出的实施方案也先进可行,同时要加强对公司情况的宣传,否则即使标价低,业主也不一定选中。如果其他承包商遇到这种情况,不一定会和这类承包商硬拼,而是会努力争第二、三标,再依靠自己的经验和信誉争取中标。

投标技巧是投标人在长期的投标实践中逐步积累的投标竞争取胜的经验,在国内外的建设市场中,经常运用的投标技巧还有很多,投标人在应用时,一是要注意项目所在地国家的法律法规是否允许使用;二是要根据招标项目的特点选用;三是要坚持贯彻诚实信用的原则,否则只能获得短期利益,却有可能损害自己的声誉。

投标报价策略实例

练习题

一、单选题

1. 下列关于建设工程招投标的说法,正确的是(　　)。
   A. 在投标有效期内,投标人可以补充、修改或者撤回其投标文件
   B. 投标人在招标文件要求提交投标文件的截止时间前,可以补充、修改或者撤回投标文件
   C. 投标人可以挂靠或借用其他企业的资质证书参加投标
   D. 投标人之间可以先进行内部竞价,内定中标人,然后再参加投标

2. 在投标文件的报价单中,如果出现总价金额和分项单价与工程量乘积之和的金额不一致时,应当(　　)。
   A. 以总价金额为准,由评标委员会直接修正即可
   B. 以总价金额为准,由评标委员会修正后请该标书的投标授权人予以签字确认
   C. 以分项单价与工程量乘积之和为准,由评标委员会直接修正即可
   D. 以分项单价与工程量乘积之和为准,由评标委员会修正后请该标书的投标授权人予以签字确认

二、多选题

下列属于影响投标决策的投标人自身因素的有（　　）。

A. 规模方面的实力　　　　B. 技术方面的实力

C. 经济方面的实力　　　　D. 管理方面的实力

E. 信誉方面的实力

三、案例分析题

某投资公司建设一幢办公楼，采用公开招标的方式选择施工单位，投标保证金有效期时间同投标有效期时间。提交投标文件截止时间为 2019 年 5 月 30 日。该公司于 2019 年 3 月 6 日发布招标公告，后有 A、B、C、D、E 共 5 家建筑施工单位参加了投标，E 单位由于工作人员疏忽于 6 月 2 日方提交投标保证金。开标会于 6 月 3 日由该省建设厅主持，D 单位在开标前向投资公司提出撤回投标文件。经过综合评选，最终确定 B 单位中标。双方按规定签订了施工承包合同。

请结合上述案例，回答以下问题：

1. E 单位的投标文件按要求该如何处理？为什么？

2. 对 D 单位撤回投标文件的要求应当如何处理？为什么？

3. 上述招标投标程序中，有哪些不妥之处？请说明理由。

第4章

建设工程的开标、评标、定标

【技能目标】

了解工程项目从开标、评标、定标到签订项目的整个流程;熟悉开标、评标、定标和合同签订各个阶段的程序及其要求;掌握工程项目开标、评标、定标和合同签订各个方面的规定,防止各种不正当竞争手段干扰工程项目的正常开标、定标。

【任务项目引入】

案例:某房地产公司计划在北京开发某住宅项目,采用公开招标的形式,有 A、B、C、D、E 五家施工单位领取了招标文件。本工程招标文件规定 2019 年 3 月 20 日上午 10:30 为投标文件接收终止时间。在提交投标文件的同时,需投标单位提供投标保证金 20 万元。在 2019 年 3 月 20 日,A、B、C、D 四家投标单位在上午 10:30 前将投标文件送达,E 单位在上午 11:00 送达。各单位均按招标文件的规定提供了投标保证金。在上午 10:25 时,B 单位向招标人递交了一份投标价格下降 5% 的书面说明。在开标过程中,招标人发现 C 单位的标袋密封处仅有投标单位公章,没有法定代表人印章或签字。

请结合上述案例,回答以下问题:

(1)B 单位向招标人递交的书面说明是否有效?

(2)通常情况下,废标的条件有哪些?

【任务项目实施分析】

通过学习本章内容,对建设工程的开标、评标、定标应有初步的了解。

4.1 工程项目开标

工程项目开标是在投标截止时间后,按规定的时间、地点,在投标人法定代表人或授权代理人在场的情况下举行开标会议,按规定的议程公开投标人的所有投标文件,即招标人在截标后依法定程序启封所有投标人报价以揭晓其内容的环节。开标

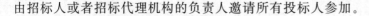
由招标人或者招标代理机构的负责人邀请所有投标人参加。

4.1.1 开标时间、地点及开标人

① 开标时间：应当在招标文件确定的提交投标文件截止时间的同一时间公开进行。

② 开标地点：一般为建设工程交易中心。招标文件预先确定地点是一种程序，涉及投标人一定利害关系的法定地点可以改变，但是必须通知所有投标人。

③ 开标人：开标的主持人。开标人可以是招标人，也可以是招标人的代理人（即招标代理机构的负责人）。参与开标的人员至少由主持人、开标人、监标人、唱标人、记录人组成，上述人员对开标负责。

4.1.2 开标程序

开标会议按下列程序进行：

① 招标人签收投标人递交的投标文件。在开标当日且在开标地点，递交的投标文件的签收应当填写投标文件报送签收一览表，招标人由专人负责接收投标人递交的投标文件。提前递交的投标文件也应当办理签收手续，由招标人携带至开标现场。在招标文件规定的截止投标时间后递交的投标文件不得接收，由招标人原封退还给有关投标人。在截标时间前递交投标文件的投标人少于三家的，招标无效，开标会即告结束，招标人应当依法重新组织招标。

② 投标人出席开标会的代表签到。投标人授权出席开标会的代表本人填写开标会签到表，招标人专人负责核对签到人身份，应与签到的内容一致。

③ 开标会主持人宣布开标会开始，主持人宣布开标人、唱标人、记录人和监督人员。主持人一般为招标人代表，也可以是招标人指定的招标代理机构的代表。开标人一般为招标人或招标代理机构的工作人员，唱标人可以是投标人的代表或者招标人或招标代理机构的工作人员，记录人由招标人指派，有形建设市场工作人员同时记录唱标内容，招标办监管人员或招标办授权的有形建设市场工作人员进行监督。记录人按开标会记录的要求开始记录。

④ 开标会主持人介绍主要与会人员。主要与会人员包括到会的招标人代表、招标代理机构代表、各投标人代表、公证机构公证人员、见证人员及监督人员等。

⑤ 主持人宣布开标会程序、开标会纪律和当场废标的条件。

⑥ 核对投标人授权代表的身份证件、授权委托书及出席开标会人数。投标人代表出示法定代表人委托书和有效身份证件，同时招标人代表当众核查投标人的授权代表的授权委托书和有效身份证件，确认授权代表的有效性，并留存授权委托书和身份证件的复印件。法定代表人出席开标会的要出示其有效证件。主持人还应核查各投标人出席开标会代表的人数，无关人员应退场。

⑦ 主持人介绍招标文件、补充文件或答疑文件的组成和发放情况，投标人确认。

主要介绍招标文件组成部分、发标时间、答疑时间、补充文件或答疑文件组成、发放和签收情况。可以同时强调主要条款和招标文件中的实质性要求。

⑧ 主持人宣布投标文件截止和实际送达时间。宣布招标文件规定的递交投标文件的截止时间和各投标单位实际送达时间。在截止时间后送达的投标文件应当场宣布为废标。

⑨ 招标人和投标人的代表（或公证机关）共同检查各投标书的密封情况。密封不符合招标文件要求的投标文件应当场宣布为废标，不得进入评标。

⑩ 主持人宣布开标和唱标的次序。一般按投标书送达时间先后的逆顺序开标、唱标。

⑪ 唱标人依唱标顺序依次开标并唱标。开标由指定的开标人在监督人员及与会代表的监督下当众拆封，拆封后应检查投标文件组成情况并记入开标会记录，开标人应将投标书和投标书附件以及招标文件中可能规定需要唱标的其他文件交唱标人进行唱标。唱标内容一般包括投标报价、工期和质量标准、质量奖项等方面的承诺、替代方案报价、投标保证金、主要人员等，在递交投标文件截止时间前收到的投标人对投标文件的补充、修改应同时宣布，在递交投标文件截止时间前收到投标人撤回其投标的书面通知的投标文件不再唱标，但须在开标会上予以说明。

⑫ 公布标底。招标人设有标底的，唱标人必须公布标底。

⑬ 开标会记录签字确认。开标会记录应当如实记录开标过程中的重要事项，包括开标时间、开标地点、出席开标会的各单位及人员、唱标记录、开标会程序、开标过程中出现的需要评标委员会评审的情况，有公证机构出席公证的还应记录公证结果；投标人的授权代表应当在开标会记录上签字确认，对记录内容有异议的可以注明，但必须对没有异议的部分签字确认（见表 4-1）。

表 4-1　开标记录表

_____（项目名称）_____标段施工开标记录表

开标时间：_____年____月____时____分

序　号	投标人	密封情况	投标保证金	投标报价/元	质量目标	工　期	备　注	签　名
招标人编制的标底								

招标人代表：_____　　记录人：_____　　监标人：_____

_____年____月____日

⑭ 投标文件、开标会记录等送封闭评标区封存。实行工程量清单招标的,招标文件约定在评标前先进行清标工作的,封存投标文件正本,副本可用于清标工作。

⑮ 开标会结束。主持人宣布开标会议结束,转入评标阶段。

开标程序

4.1.3 无效投标文件的认定

在开标时,如果投标文件出现下列情形之一,应当场宣布为无效投标文件,不再进入评标:

① 投标文件未按照招标文件的要求予以标志、密封、盖章。合格的密封标书,应将标书装入公文袋内,除袋口粘贴外,还需在封口处用白纸条贴封并加盖骑缝章。

② 投标文件中的投标函未加盖投标人的企业及企业法定代表人印章,或者企业法定代表人委托代理人没有合法、有效的委托书(原件)及委托代理人印章。

③ 投标文件未按照招标文件规定的格式、内容和要求填报,投标文件的关键内容字迹模糊、无法辨认。

④ 投标人在投标文件中对同一招标项目报有两个或多个报价,且未书面声明以哪个报价为准。

⑤ 投标人未按照招标文件的要求提供投标保证金或者投标保函。

⑥ 组成联合体投标的,投标文件未附联合体各方共同投标协议。

⑦ 投标人与通过资格审查的投标申请人在名称和法人地位上发生实质性改变。

⑧ 投标人未按照招标文件的要求参加开标会议。

4.1.4 标　底

投标单位可以编制标底,也可以不编制标底。需要编制标底的工程,由招标单位或者由其委托具有相应能力的单位编制;不编制标底的,实行合理低价中标。

对于编制标底的工程,招标单位可以规定在标底上下浮动一定范围内的投标报价为有效,并在招标文件中写明。

4.2　工程项目评标

4.2.1 评标概述

评标是依据招标文件的规定和要求,招标领导小组或招标人对投标人所报送的投标函进行审查、评审和比较,是科学、公正、公平、择优选择中标候选人的必经程序,是整个招标投标的重要环节。

招标人按有关规定成立评标委员会,在招标管理机构监督下,依据评标原则、评标方法,对投标人的报价、工期、质量、主要材料用量、施工组织设计、以往业绩和信誉、优惠条件等方面进行综合评价,公正合理地从优选择中标单位。

1. 评标委员会

建设工程评标委员会由招标人或其委托的招标代理机构熟悉相关业务的代表,以及有关技术、经济等方面的专家组成。评标的标准是价格合理、工期适当、保证质量、企业信誉好。根据《招标投标法》的有关规定,评标工作的原则是公平、公正、科学合理。具体应符合下列规定:

① 评标委员会由招标人代表组建,负责评标活动,向招标人推荐中标候选人或者根据招标人的授权直接确定中标人。

② 评标委员会成员名单一般应于开标前确定。评标委员会成员名单在中标结果确定前应保密。

③ 评标委员会由招标人或其委托的招标代理机构熟悉相关业务的代表,以及有关技术、经济等方面的专家组成,成员人数为 5 人以上单数,其中技术、经济等方面的专家不得少于成员总数的 2/3。

④ 评标委员会设负责人的,评标委员会负责人由评标委员会成员推举产生或者由招标人确定。评标委员会负责人与评标委员会的其他成员具有同等表决权。

评标委员会成员应符合以下条件:

① 从事相关专业领域工作满 8 年,并具有高级职称或者具有同等专业水平的工程技术、经济管理人员,并实行动态管理。

② 熟悉有关招标投标的法律法规,并具有与招标项目相关的实践经验。

③ 能够认真、公正、诚实、廉洁地履行职责。

④ 有下列情形之一的人员,应当主动提出回避,不得担任评标委员会成员:

a. 为投标人主要负责人的近亲属。

b. 为项目主管部门或者行政监督部门的工作人员。

c. 与投标人有经济利益关系,可能影响投标公正评审的。

d. 曾因在招标投标有关活动中从事违法行为而受到行政处罚或刑事处罚的。

2. 对评标委员会的要求

对评标委员会的要求如下:

① 评标委员会成员应当客观、公正地履行职责,遵守职业道德,对所提出的评审意见承担个人责任。

② 评标委员会成员不得私下接触投标人或者与投标结果有利害关系的人,不得收受投标人的财物或者其他好处。

③ 评标委员会成员不得透露与评标有关的情况。

④ 评标委员会可以要求投标人对投标文件中含义不明确的内容作必要的澄清或者说明,但是澄清或者说明不得超出投标文件的范围或者改变投标文件的实质性

内容。

⑤ 评标委员会应当按照招标文件确定的评标标准和方法,对投标文件进行评审和比较;设有标底的,应当参考标底。

⑥ 评标委员会完成评标后,应当向招标人提出书面评标报告,并推荐合格的按名次排列的中标候选人1~3人(且要排列先后顺序),也可以按照招标人的委托,直接确定中标人。

⑦ 评标委员会应接受依法实施的监督。

3. 投标文件的澄清

为有助于投标文件的审查、评价和比较,评标委员会可以以书面形式要求投标人对投标文件中含义不明确的内容做必要的澄清或说明,投标人应采用书面形式进行澄清或说明,但不得超出投标文件的范围或改变投标文件的实质性内容。

4. 初步评审

初步评审主要包括以下内容:

(1) 投标文件的符合性鉴定

符合性鉴定,即检查投标文件是否实质上响应招标文件的要求。实质上响应是指其投标文件应该与招标文件的所有条款、条件规定相符,无显著差异或保留。

符合性鉴定一般包括下列内容:

1) 鉴定投标文件的有效性:

① 投标人以及以联合体形式投标的所有成员是否已通过资格预审,是否已获得投标资格。

② 审查投标单位是否与资格预审名单一致,递交的投标保函的金额和有效期是否符合招标文件的规定。如果是以标底衡量投标文件的有效性,则须审查投标报价是否在规定的范围内。

③ 投标文件中是否提交了投标人的法人资格证书及企业法定代表人的授权委托证书;如果是联合体,则是否提交了合格的联合体投标共同协议书以及投标负责人的授权委托证书。

④ 投标保证的格式、内容、金额、有效期、开具单位是否符合招标文件要求。

⑤ 投标文件是否按规定进行了有效的签署。

2) 鉴定投标文件的完整性:

投标文件中是否包括招标文件规定应递交的全部文件,如工程量清单、报价汇总表、施工进度计划、施工方案、施工人员和施工机械设备的配备等,以及应该提供的必要的支持文件和资料。

3) 鉴定与招标文件的一致性:

① 凡是招标文件中要求投标人填写的空白栏目是否全都填写,是否已作出明确的回答。

② 对于招标文件中的任何条款、数据或说明是否有任何修改、保留和附加条件。

符合性鉴定通常是评标的第一步,如果投标文件实质上没有响应招标文件的要求,将被列为废标予以拒绝,并不允许投标人通过修正或撤销其不符合要求的差异或保留,使之成为具有响应性投标。

（2）技术评估

技术评估的目的是确认和比较投标人完成本工程的技术能力,以及他们的施工方案的可靠性。技术评估的主要内容如下:

① 施工方案的可行性。对各分部分项工程的施工方法、施工人员和施工机械设备的配备、施工现场的布置和临时设施的安排、施工顺序及其相互衔接等方面进行评审,特别是对该项目的关键工序的施工方法进行可行性论证,应审查其技术的最难点或先进性和可靠性。

② 施工进度计划的可靠性。审查施工进度计划是否满足对竣工时间的要求,并且是否科学合理、切实可行,同时还要审查保证施工进度计划的措施,例如施工机具、劳务的安排是否合理和可行等。

③ 施工质量保证。审查投标文件中提出的质量控制和管理措施,包括质量管理人员的配备、质量检验仪器的配置和质量管理制度。

④ 工程材料和机器设备供应的技术性能。审查投标文件中关于主要材料和设备的样本、型号、规格和制造厂家的名称、地址等,判断其技术性能是否达到设计标准。

⑤ 分包商的技术能力和施工经验。如果投标人拟在中标后将中标项目的部分工作分包给他人完成,应当在投标文件中载明。应审查拟分包的工作必须是非主体、非关键性工作;审查分包人应当具备的资格条件、完成相应工作的能力和经验。

⑥ 对于投标文件中按照招标文件规定提交的建议方案作出技术评审。如果招标文件中规定可以提交建议方案,则应对投标文件中的建议方案的技术可靠性与优缺点进行评估,并与原招标方案进行对比分析。

（3）商务评估

商务评估的目的是从工程成本、财务和经验分析等方面评审投标报价的准确性、合理性、经济效益和风险等,比较投标给不同的投标人产生的不同后果。商务评估在整个评标工作中通常占有重要地位。商务评估的主要内容如下:

① 审查全部报价数据计算的正确性。通过对投标报价数据进行全面审核,看其是否有计算上或累计上的错误,如果有应按"投标者须知"中的规定改正和处理。

② 分析报价构成的合理性。通过分析工程报价中直接费、间接费、利润和其他采用价的比例关系,主体工程各专业工程价格的比例关系等,判断报价是否合理。注意审查工程量清单中的单价有无脱离实际的"不平衡报价"、计日工劳务和机械台班报价是否合理等。

③ 对建议方案进行商务评估(如果有的话)。

（4）响应性审查

评标委员会应当对投标书的技术评估部分和商务评估部分做进一步的审查，审查投标文件是否响应了招标文件的实质性要求和条件，并逐项列出投标文件的全部投标偏差。投标文件对招标文件实质性要求和条件响应的偏差分为重大偏差和细微偏差两类。

1）重大偏差的投标文件是指未对招标文件作实质性响应，包括以下情形：

① 没有按照招标文件要求提供投标担保或提供的投标担保有瑕疵。

② 没有按照招标文件要求由投标人授权代表签字并加盖公章。

③ 投标文件记载的招标项目完成期限超过招标文件规定的完成期限。

④ 明显不符合技术规格、技术标准的要求。

⑤ 投标文件记载的货物包装方式、检验标准和方法等不符合招标文件的要求。

⑥ 投标附有招标人不能接受的条件。

⑦ 不符合招标文件中规定的其他实质性要求。

所有存在重大偏差的投标文件都属于初评阶段应淘汰的投标书。

2）细微偏差的投标文件是指投标文件基本上符合招标文件要求，但在个别地方存在漏项或者提供了不完整的技术信息和数据等，并且这些不完整或者补正这些遗漏不会对其他投标人造成不公平的结果，以及对招标文件的响应存在细微偏差的投标文件仍属于有效投标书。属于存在细微偏差的投标书，可以书面要求投标人在评标结束前予以澄清、说明或者补正。

（5）投标文件澄清说明

在必要时，为了有助于投标文件的审查、评价和比较，评标委员会可以约见投标人，对其投标文件予以澄清或补正，以口头或书面提出问题，要求投标人回答，随后在规定的时间内，投标人以书面形式正式答复。

1）需要澄清或补正的内容如下：

① 投标文件中含义不明确、对同类问题表述不一致或者有明显文字和计算错误的内容。

② 可以要求投标人补充报送某些标价计算的细节资料。

③ 对其具有某些特点的施工方案作出进一步的解释。

④ 补充说明其施工能力和经验，或对其提出的建议方案作出详细的说明。

2）澄清或补正问题时应注意以下原则：

① 澄清或补正问题的文件不允许变更投标价格或对原投标文件进行实质性修改。

② 澄清和确认的问题必须由授权代表正式签字，并声明将其作为投标文件的组成部分。投标人拒不按照要求对投标文件进行澄清或补正的，招标人将否决其投标，并没收其投标保证金。

5．投标文件的详细评审

经初步评审合格的投标文件,评标委员会应根据招标文件确定的评标标准和方法,对其技术部分和商务部分做进一步的评审、比较,推荐出合格的中标候选人或在招标人授权的情况下直接确定中标人。

6．投标文件计算错误的修正

评标委员会将对确定为实质上响应招标文件要求的投标文件进行校准,看其是否有计算或表达上的错误,修正错误的原则如下:

① 如果数字表示的金额和用文字表示的金额不一致,应以文字表示的金额为准。

② 当单价与数量的乘积与合价不一致时,以单价为准,除非评标委员会认为单价有明显的小数点错误(此时应以标出的合价为准,并修改单价)。

③ 当各项目的合价累计不等于总价时,应以各项目合价累计数为准,修正总价。

按上述修正错误的原则及方法调整或修正投标书中的投标报价,投标人同意后,调整后的投标报价对投标人起约束作用。如果投标人不接受修正后的报价,则其投标将被拒绝,且不影响评标工作。

7．投标文件的评审、比较和否决

投标文件的评审、比较和否决的原则如下:

① 评标委员会将仅对实质上响应招标文件要求的投标文件进行评估和比较。

② 在评审过程中,评标委员会可以以书面形式要求投标人就投标文件中含义不明确的内容进行书面说明并提供相关材料。

③ 评标委员会依据招标文件的评标标准,对投标文件进行评审和比较,向招标人提出书面报告,并推荐合格的中标候选人。招标人根据评标委员会提出的书面评标报告和推荐的中标候选人确定中标人。

8．其　他

其他程序具体如下:

① 评标委员会有权选择和拒绝投标人中标。评标委员会无义务向投标人进行任何有关评标的解释。

② 投标人在评标过程中所进行的力图影响评标结果的不符合招标规定的活动,可能导致其被取消中标资格。

③ 评标委员会经评审,认为所有投标都不符合招标文件要求的,可以否决所有投标。所有投标被否决后,招标人应当依法重新招标。

4.2.2　评标方法

建设工程施工招标的评标方法包括经评审的最低投标价法、综合评标法或者法

律、行政法规允许的其他评标方法。

通用技术、性能标准、施工难度不大的建设工程施工招标,一般应当采取经评审的最低投标价法。技术复杂、施工难度较大、涉及结构安全的建设工程施工招标,一般应采取综合评标法。

1. 经评审的最低投标价法

经评审的最低投标价法,是指能够满足招标文件的实质性要求,并经评审的投标价格最低(低于成本的例外)的投标人应推荐为中标人的方法。

经评审的最低投标价法的要点如下:

(1) 根据招标文件规定的评标要素折算为货币价值,进行价格量化工作

一般可以折算为价格的评审要素如下:

① 投标书承诺的工期。工期提前,可以从该投标人的报价中扣减因工期提前给招标人带来的收益所折算的价格。

② 合理化建议,特别是技术方面的,可按招标文件规定的量化标准折算为价格,再在投标价内减去此值。

③ 承包人在实施过程中如果发生严重亏损,而此亏损在投标时有明显漏项时,招标人或发包人可能有两种选择:其一,给予相应的补项,并将此费用加到评标价中,这样也可防止承包商将部分风险转移至发包人;其二,解除合同,另物色承包人。这种选择对发包人来讲也是有风险的,它既延误了预定的竣工日期,使发包人收益延期,与后续承包人订立的合同价格往往也会高于原合同价,导致工程费用增加。

④ 投标书内提供了优惠条件,如世界银行贷款项目对借款国国内投标人有7.5%的评标价优惠。

(2) 价格量化工作完毕进行全面的统计工作

由评标委员会拟定"标价比较表"。表中载明:投标人的投标报价;对商务偏差的价格调整和说明;经评审的最终投标价。

可见,最低投标价既不是投标价,也不是中标价,它是将一些因素折算为价格,用价格指标作为评审标书优劣的衡量方法,评标价最低的投标书为最优。签订合同时,仍以报价作为中标的合同价。

评标中涉及的因素繁多,如质量、工期、施工组织设计、施工组织机构、管理体系、人员素质、安全施工等。信誉等因素是资格预审中的因素,信誉不好的企业应该在资格预审时淘汰;某些因素如技术水平等是不能或不宜折算为价格指标的,因此采用这种方法的前提条件是:投标人通过了资格预审,具有质量保证的可靠基础。其适用范围是:具有通用技术、性能标准,或者招标人对其技术、性能标准没有特别要求的项目,如一般住宅工程的施工项目。

2. 综合评标法

综合评标法是指通过分析比较找出能够最大限度地满足招标文件中规定的各项

综合评价标准的投标,并推荐为中标候选人的方法。

　　由于综合评估施工项目的每一次投标需要综合考虑的因素都很多,加之它们的计量单位也各不相同,所以不能直接用简单的代数求和的方法进行综合评估比较,而是需要采用将多种影响因素统一折算为货币的方法、打分的方法或者其他方法。这种方法的要点如下:

　　① 评标委员会根据招标项目的特点和招标文件中规定的需要量化的因素及权重(评分标准),将准备评审的内容进行分类,各类中再细化成小项,并确定各类及小项的评分标准。

　　② 评分标准确定后,每位评标委员独立地对投标书分别打分,各项分数统计之和即为该投标书的得分。

　　③ 综合评分,例如报价以标底价为标准,报价低于标底5%的为满分,报价高于标底6%以上或低于8%以下的均按0分计。

　　④ 评标委员会拟定“综合评估比较表”,表中载明以下内容:投标人的投标报价、对商务偏差的调整值、对技术偏差的调整值、最终评审结果等,以得分最高的投标人为中标人,最常用的方法是百分法。

　　可见,综合评标法是一种定量的评标办法,在评定因素较多且繁杂的情况下,可以综合地评定出各投标人的素质情况和综合能力,长期以来一直是建设工程领域采用的主流评标方法,它适用于大型、复杂的工程施工评标。

综合评估法例题

4.2.3　评标程序

　　建设工程施工招标的评标程序具体如下:

　　① 招标人宣布评标委员会名单并确定主任委员。

　　② 招标人宣布有关评标纪律,与评标有关的人员应断绝与外部的一切通信联系。

　　③ 在主任委员的主持下,根据工作需要,讨论并成立有关专业组和工作组。

　　④ 听取招标人介绍招标文件的有关情况。

　　⑤ 组织评标人学习评标标准和方法。

　　⑥ 评标委员会按招标文件规定的评标标准和评标方法对投标文件进行初审。

　　⑦ 评标委员会讨论,并经二分之一以上委员同意,提出需投标人澄清的问题,以书面形式送达投标人。

　　⑧ 投标人对需要采用文字澄清的问题,以书面形式送达评标委员会。

　　⑨ 评标委员会按招标文件确定的评标标准和方法评审投标文件,确定中标候选人推荐顺序。

⑩ 在评标委员会三分之二以上委员同意并签字的情况下,通过评标委员会工作报告,报送招标人。评标委员会工作报告附件包括有关评标问题往来澄清函、有关评标资料及推荐意见等。

4.2.4 评标报告

评标结束后,评标委员会要提交评标报告。其主要内容包括评标委员会成员名单;基本情况和数据表;开标记录;符合要求的投标人一览表;废标情况说明;评标标准、方法或评标因素一览表;经评审的价格或评分比较一览表;经评审的投标人排序;推荐的中标候选人名单;签订合同前要处理的问题;澄清、说明、补正事项纪要等。

4.2.5 废标、否决所有投标和重新招标

1. 废 标

出现下列情形之一的,评标委员会应当否决投标人的投标或作废标处理:

① 投标人不按照要求对投标文件进行澄清、说明或补正的;

② 投标人的报价明显低于其他投标报价或在设有标底时明显低于标底,使得其投标报价可能低于其个别成本且投标人不能说明合理理由的,或者经评标委员会评审,投标报价低于投标人个别成本的;

③ 投标人资格不符合招标文件要求或与资格预审结果相比资格或者业绩有降低的;

④ 投标文件未能对招标文件做出实质性响应的;

⑤ 投标人以他人名义投标、串通投标、在投标过程中有行贿行为或者以其他弄虚作假方式投标的。

2. 否决所有投标

评标委员会否决不合格投标或者认定废标后,当有效投标不足 3 个时,可以继续进行评标,也可以否决全部投标。经过评标委员会评审后,认为有效投标均不符合招标文件的技术要求或者明显缺乏竞争力时应当否决全部投标。所有投标被否决的,招标人应当依法重新招标。

3. 重新招标

有下列情形之一的,招标人应当依法重新招标:

① 资格预审合格的潜在投标人不足 3 个;

② 在投标截止时间前提交投标文件的投标人少于 3 个;

③ 所有投标均被作废标处理或被否决;

④ 评标委员会界定为不合格标或废标后,因有效投标不足 3 个而使投标明显缺乏竞争,评标委员会决定否决全部投标;

⑤ 同意延长投标有效期的投标人少于3个。

4.3　工程项目定标与合同签订

4.3.1　定　标

招标人根据评标组织提出的书面评标报告和推荐的中标候选人确定中标人,也可以授权评标组织直接确定中标人。

定标应当择优,经评标能当场定标的,应当场宣布中标人;不能当场定标的,中小型项目应在开标之后7天内定标,大型项目应在开标之后14天内定标;特殊情况需要延长定标期限的,应经招标投标管理机构同意。

根据评标委员会提出的评标报告和推荐的中标候选人,招标人一般向有关行政主管部门提出书面的招标工作报告后(有的地方和部门还要求将中标候选人上网或登报公示),即可确定中标候选人,并发出"中标通知书"。

① 各项投标评标完毕,由评标委员会做出全面而综合的分析并写出评标报告,送交招标委员会进行再次分析并正式修订评标报告后,呈招标主管部门审定,最后根据审定意见确定中标的过程称为定标。

② 招标人应根据评标委员会提出的书面评标报告和推荐的中标候选人顺序确定中标人,也可授权评标委员会直接确定中标人。当招标人确定的中标人与评标委员会推荐的中标候选人顺序不一致时,应当有充足的理由,并按项目管理权限报行政主管部门备案。

③ 中标人的投标应当符合下列条件之一:

a. 能够最大限度地满足招标文件中规定的各项综合评价标准;

b. 能够满足招标文件的实质性要求,并且经评审的投标价格合理最低,但投标价格低于成本的除外。

④ 招标人在确定中标人后,应在15日内按项目管理权限向行政主管部门提交招标投标情况的书面报告。中标人确定后,经报上级招标投标管理机构批准,向中标人发出中标通知书。自中标通知书发出之日起30日内,招标人和中标人应按照招标文件和中标人的投标文件订立书面合同,中标人提交履约保函。招标人和中标人不得另行订立背离招标文件实质性内容的其他协议。

⑤ 招标人无须向未中标人解释未中标原因,但应在与中标人签订合同后5个工作日内,向未中标的投标人退还投标保证金。

⑥ 投标人接到中标通知后,借故拖延不签合同的,招标人可没收其投标保证金,另立中标人。由于招标人自身原因致使招标工作失败(包括未能如期签订合同的情形)的,招标人应当按投标保证金双倍的金额赔偿投标人,同时退还投标保证金。

4.3.2　发放中标通知书

中标人确定后,招标人将于15日内向工程所在地的县级以上地方人民政府住房城乡建设主管部门提交施工招标情况的书面报告。中标结果公示3天无异议后,招标人向中标人发放中标通知书。

4.3.3　合同签订

签订合同是招标投标工作成果的最终体现,所涉及的相关内容如下:

① 招标人与中标人可在规定的期限内依据招标文件、投标文件及国家相关的法规政策,进行签订合同前的谈判,最终签订工程承包合同。

② 中标人拒绝按规定提交履约担保和签订合同的,可以视为自动放弃中标项目,并承担违约责任。在这种情况下,应当顺延至排名第二的中标候选人为中标单位。

③ 签订合同后5个工作日内,招标人向中标人和未中标的投标人退还投标保证金,因违反规定而被没收的投标保证金不予退回。

④ 招标人与中标人将于中标通知书发出之日起30日内,按照招标文件和中标人的投标文件订立书面合同,排名第一的中标候选人放弃中标或因不可抗力提出不能履行合同的,招标人可以确定排名第二的中标候选人为中标人。招标人和中标人签订书面合同的内容条款,应按照招标文件和中标人的投标文件来制定,应是对招投标文件的补充和完善。

⑤ 中标人如不按投标须知的规定与招标人订立合同,则招标人将废除授标,投标保证金不予退还,中标人就给招标人造成的损失予以赔偿,同时承担相应的法律责任。

⑥ 中标人应按照合同约定履行义务,完成中标项目施工,不得将中标项目施工转让(转包)给他人。

⑦ 对于不具备分包条件或者不符合分包规定的,招标人有权在签订合同或者中标人提出分包要求时予以拒绝。发现中标人转包或违法分包时,要求其改正,拒不改正的,可终止合同,并报请有关行政部门查处。

4.3.4　合同授予

1. 合同授予的标准

招标工程施工合同授予的标准是将其授予定标所确定的中标人。

2. 招标人拒绝投标的权利

招标人拒绝投标的权利主要有以下两点:一是招标

串　标

人不承诺将合同授予报价最低的投标人；二是招标人在发出中标通知书前，有权依据评标委员会的评标报告拒绝不合格的投标。

练习题

一、单选题

1. 下列投标文件对招标文件响应的偏差中属于细微偏差的是（　　　　）。

    A. 联合体投标没有联合体协议书

    B. 投标工期长于招标文件要求的工期

    C. 投标报价的大写金额与小写金额不一致

    D. 投标文件没有投标人授权代表的签字

2. 评标委员会成员的组成中，技术、经济专家人数不得少于评标委员会总人数的（　　　　）。

    A. 1/3　　　　　B. 2/3　　　　　C. 1/4　　　　　D. 3/4

二、多选题

工程建设施工项目招标，投标文件有下列（　　　　）情形之一的，由评标委员会初审后按废标处理。

    A. 联合体投标未附联合体各方共同投标协议

    B. 投标人名称与资格预审时不一致

    C. 无单位公章、无法人授权的代理人签字或盖章

    D. 质量标准的承诺内容字迹模糊无法辨认

    E. 不符合招标文件关于技术标准的要求

三、案例分析题

【案例】　某建设单位经相关主管部门批准，组织某建设项目全过程总承包（即EPC模式）的公开招标工作。根据实际情况和建设单位的要求，该工程工期定为两年，考虑到各种因素的影响，决定该工程在基本方案确定后即开始招标，确定的招标程序如下：

（1）成立该工程招标领导机构；

（2）委托招标代理机构代理招标；

（3）发出投标邀请书；

（4）对报名参加投标者进行资格预审，并将结果通知合格的申请投标人；

（5）向所有获得投标资格的投标人发售招标文件；

（6）召开投标预备会；

（7）澄清与修改招标文件；

（8）建立评标组织，制定标底和评标、定标办法；

（9）召开开标会议，审查投标书；

（10）组织评标；

（11）与合格的投标者进行澄清说明；

（12）决定中标单位；

（13）发出中标通知书；

（14）建设单位与中标单位签订承发包合同。

请结合上述案例，回答下列问题：

1. 指出上述招标程序中的不妥和不完善之处。

2. 该工程共有 7 家投标人投标，在开标过程中，出现如下情况：

（1）其中 1 家投标人的投标书没有按照招标文件的要求进行密封和加盖企业法人印章，经招标监督机构认定，该投标作无效投标处理；

（2）其中 1 家投标人提供的企业法定代表人委托书是复印件，经招标监督机构认定，该投标作无效投标处理；

（3）开标人发现剩余的 5 家投标人中，有 1 家的投标报价与标底价格相差较大，经现场商议，也作为无效投标处理。

请指明以上处理是否正确，并说明原因。

第 5 章

建设工程施工合同

【技能目标】

要求学生熟悉建设工程施工合同文本,掌握工程变更的内容及程序,了解业主和承包商的风险分配及应对;具有编制一份完整的建设工程施工合同的能力,能初步编制简单的招标文件和投标文件,能运用合同法处理建设工程合同管理中常见的一般问题。

【任务项目引入】

2019 年 8 月 2 日甲建筑公司与乙水泥厂订立买卖合同一份。合同约定,水泥厂应在 2019 年 9 月 20 日向建筑公司交付某型号水泥 500 吨。合同成立后,建筑公司依约支付了水泥款。但在 2019 年 8 月 20 日,水泥厂通知建筑公司,称其无法交货,并愿意退回水泥款。建筑公司未置可否。2019 年 9 月 10 日,建筑公司发函要求水泥厂按合同约定交货,否则其工程将无法继续。同日,水泥厂回函再次表示不能如约交货,并将水泥款退回。2019 年 9 月 20 日,建筑公司因无水泥而停工,遂追究水泥厂的违约责任,并要求水泥厂赔偿因停工造成的损失。水泥厂答辩称其事先已告知其不能履行合同,因此,不应承担违约责任,也不应赔偿建筑公司因停工造成的损失。那么水泥厂是否应承担违约责任呢?水泥厂是否应赔偿建筑公司因停工造成的损失呢?请分析此合同存在什么问题。

【任务项目实施分析】

本章的学习内容为建设工程合同的有关知识。建设工程施工合同是业主委托承包人完成建筑安装工程任务而明确双方权利义务关系的合同。合同中应规定当事人双方的权利义务及工程的进度条款、质量条款和经济条款等,这些条款构成合同的核心内容。

5.1 《合同法》的相关内容

5.1.1 合同的含义

合同是平等主体的自然人、法人、其他组织之间设立、变更、终止民事权利义务关系的协议。各国的合同法规范的都是债权合同,它是市场经济条件下规范财产流转关系的基本依据。因此,合同是市场经济中广泛进行的法律行为。而广义的合同还应包括婚姻、收养、监护等有关身份关系的协议以及劳动合同等,这些合同不属于《合同法》中规范的合同,由其他法律进行规范。

5.1.2 合同的形式

合同的形式是指合同当事人双方在对合同的内容条款进行协商后做出的共同意思表达的具体方式。《合同法》第十条规定:"当事人订立合同,有书面形式、口头形式和其他形式。法律、行政法规规定采用书面形式的,应当采用书面形式,当事人约定采用书面形式的,应当采用书面形式。"

1. 书面形式

《合同法》第十一条规定:"书面形式是指合同书、信件和数据电文(包括电报、电传、传真、电子数据交换和电子邮件)等可以有形地表现所载内容的形式。"书面合同的优点是权利义务明确记载,便于履行,纠纷时易于举证和分清责任,有利于督促当事人履行合同;其缺点是制订过程比较复杂。《合同法》第二百七十条规定:"建设工程合同应采用书面形式。"

2. 口头形式

口头形式的合同是指以口头的(包括电话等)意思表示方式而订立的合同。口头合同在现实生活中广泛应用,凡当事人无约定或法律未规定特定形式的合同,均可采取口头形式。它的主要优点是简便迅速,其缺点是发生纠纷时难以举证和分清责任。因此,应限制使用口头合同。

3. 其他形式

(1) 合同公证

合同公证是国家公证机关根据合同当事人的申请,依照法定程序对合同的真实性和合法性进行审查并予以确认的一种法律制度。经公证机关公证的合同具有较强的证据效力,可作为法院判决或强制执行的依据。对于依法和依照约定须经公证的合同,不经公证则无效。

(2) 合同签证

合同签证是国家工商行政管理机关应合同当事人的申请,依照法定程序对合同的真实性和合法性进行认定,对合同内容的合理性、可行性进行审查监督。签证还有监督合同履行的作用,故签证具有行政监督的作用。

（3）合同的批准

合同的批准指按照国家法律法规的规定,合同必须经主管机关或上级机关的批准才能生效。

5.1.3 《合同法》概述

《合同法》是 1999 年 3 月 15 日第九届全国人民代表大会第二次会议通过,中华人民共和国主席令第十五号于 1999 年 3 月 15 日颁布并于 1999 年 10 月 1 日起开始正式施行的。同时,《中华人民共和国经济合同法》《中华人民共和国涉外经济合同法》《中华人民共和国技术合同法》废止。《合同法》由总则、分则、附则三部分组成,共计二十三章,四百二十八条。

《合同法》总则部分分为八章,共一百二十九条。分别对合同的订立、合同的效力、合同的履行、合同的变更和转让、合同的权利义务终止、违约责任做了规定。

《合同法》分则部分分为十五章,分别对买卖合同、供用水电气热力合同、赠与合同、借款合同、租赁合同、融资租赁合同、承揽合同、建设工程合同、运输合同、技术合同、保管合同、仓储合同、委托合同、行纪合同、居间合同等进行了专门的规定。

《合同法》分则中的第十六章为建设工程合同,共十九条,专门对建设工程中的合同关系作了法律规定。除《合同法》对建设工程合同做了专章规定外,《中华人民共和国建筑法》《中华人民共和国招标投标法》也有许多涉及建设工程合同的规定,这些法律是我国建设工程合同管理的依据。

5.1.4 《合同法》立法的基本原则

1. 遵守法律、法规原则

签订合同的双方当事人的主体资格要合法,订立的合同条款不能违反法律、行政法规的强制性规定,否则所签订的合同无效。订立合同的程序和形式要合法,《合同法》第十三条规定:"当事人订立合同,采取要约、承诺方式。"合同订立的形式也必须合法,即法律、行政法规规定采用书面形式的,就应采用书面形式。

2. 自愿原则

《合同法》第四条规定:"当事人依法享有自愿订立合同的权利。任何单位和个人不得非法干预。"民事主体在民事活动中享有自主的决策权,其合法的民事权利可以抗御非正当行使的国家权力。

自愿原则意味着合同当事人即市场主体自主自愿地进行交易活动,让合同当事人根据自己的知识、认识和判断,以及直接所处的相关环境自主选择自己所需要的合同,去追求自己最大的利益。自愿原则保障了合同当事人在交易活动中的主动性、积

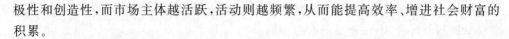

极性和创造性,而市场主体越活跃,活动则越频繁,从而能提高效率、增进社会财富的积累。

3. 诚实信用原则

所谓诚实,就是订立合同的当事人的意思表示要真实、合法,不歪曲或隐瞒事实,不欺骗对方。所谓信用,就是信守合同条款,严格履行双方约定的合同条款,不失信,不违约。坚持诚实信用原则,有利于合同当事人权益的实现,确保社会经济秩序稳定。无论是发包方还是承包方,在行使权利时都应当充分尊重他人和社会的利益,对约定的义务要忠实地履行。诚实信用原则具体包括:在合同订立阶段,招标文件和投标文件中应当如实说明自己和项目的情况;在合同履行阶段,应相互协作,如发生不可抗力时,应相互告知,并尽量减少损失。

4. 公平原则

公平原则就是要求合同双方当事人之间的权利、义务要公平合理,要大体上平衡,强调一方给付与对方给付之间的等值性,合同中的负担和风险合理分配,合同一方不得利用对方没有经验而签订有失公平的合同。公平原则作为合同法的基本原则,是社会公德的体现。将公平原则作为合同当事人的行为准则,可以防止当事人滥用权利,有利于保护当事人的合法权益,维护和平衡当事人之间的利益。

5. 不得损害社会公共利益的原则

《合同法》第七条规定:"当事人订立、履行合同,应遵守法律、行政法规,尊重社会公德,不得扰乱社会经济秩序,损害社会公共利益。"

合同不仅是当事人之间的协议,有时可能还会涉及社会公共利益和社会公德,涉及经济秩序,所以合同当事人的协议应当在法律允许的范围内表示,不能想怎么样就怎么样。为维护社会公共利益,维护正常的社会经济秩序,对于损害社会公共利益、扰乱社会经济秩序的行为,国家应予以干预。

5.1.5　合同的内容

合同的内容由当事人约定,这是合同自由的重要体现。《合同法》规定了合同一般应包括的条款,但这些条款不是合同成立的必备条件,具体如下:

1. 当事人的名称或者姓名和住所

合同主体包括自然人、法人和其他组织。明确合同主体,对了解合同当事人的基本情况、合同的履行和确定诉讼管辖具有重要的意义。自然人的姓名是指经户籍登记管理机关核准登记的正式用名。自然人的住所是指自然人有长期居住的意愿和事实的处所,即经常居住地。法人、其他组织的名称是指经登记主管机关核准登记的名称,如公司的名称以营业执照上的名称为准。法人和其他组织的住所是指它们的主要营业地或者主要办事机构所在地。

2. 标　的

标的是合同当事人双方权利和义务共同指向的对象。标的的表现形式为物、劳务、行为、智力成果、工程项目等。没有标的的合同是空的,当事人的权利义务无所依托,标的不明确的合同无法履行,合同也不能成立。所以,标的是合同的首要条款。签订合同时,标的必须明确、具体,必须符合国家法律和行政法规的规定。

3. 数　量

数量是衡量合同标的多少的尺度,以数字和计量单位表示。没有数量或数量的规定不明确,会使当事人双方权利义务的多少、合同是否完全履行等都无法确定。数量必须严格按照国家规定的度量衡制度确定标的物的计量单位,以免当事人产生不同的理解。施工合同中的数量主要体现的是工程量的大小。

4. 质　量

质量是标的的内在品质和外观形态的综合指标。签订合同时,必须明确质量标准。合同对质量标准的约定应当是准确而具体的,对于技术上较为复杂的和容易引起歧义的词语、标准,应加以说明和解释。对于强制性的标准,当事人必须执行,合同约定的质量不得低于该强制性标准。对于推荐性的标准,国家鼓励采用。当事人没有约定质量标准的,如果有国家标准,则依国家标准执行;如果没有国家标准,则依行业标准执行;没有行业标准,则依地方标准执行;没有地方标准,则依企业标准执行。由于建设工程中的质量标准大多是强制性的质量标准,故当事人的约定不能低于这些强制性的标准。

5. 价款或者报酬

价款或者报酬是当事人一方向交付标的的另一方支付的货币。标的物的价款由当事人双方协商,但必须符合国家的物价政策,劳务酬金也是如此。合同条款中应写明有关银行结算和支付方法的条款,价款或者报酬在施工合同中体现为工程款。

6. 履行的期限、地点和方式

履行的期限是当事人各方依照合同规定全面完成各自义务的时间,包括合同的签订期、有效期和履行期。履行的地点是指当事人交付标的和支付价款或酬金的地点,包括标的的交付、提取地点,服务、劳务或工程项目建设的地点,价款或劳务的结算地点。履行的方式是指当事人完成合同规定义务的具体方法,包括标的的交付方式和价款或酬金的结算方式。履行的期限、地点和方式是确定合同当事人是否适当履行合同的依据,是合同中必不可少的条款。

7. 违约责任

违约责任是任何一方当事人不履行或者不适当履行合同规定的义务而应承担的法律责任。当事人可以在合同中约定:一方当事人违反合同时向另一方当事人支付一定数额的违约金,或者约定违约损害赔偿的计算方法。

8. 解决争议的方法

在合同履行过程中不可避免地会产生争议,为使争议发生后能够有一个双方都能接受的解决办法,应在合同条款中对此做出规定。如果当事人希望通过仲裁作为解决争论的最终方式,则必须在合同中给定仲裁条款,因为仲裁是以自愿为原则的。

5.1.6 合同订立

合同订立解决的是合同是否存在的问题,如果合同不存在,也就谈不上合同履行等问题。虽然合同订立并不意味着合同生效,但是合同订立是合同生效的前提。

1. 订立合同当事人的主体资格

我国《合同法》第九条规定:"当事人订立合同,应当具有相应的民事权利能力和民事行为能力。"

① 民事权利能力指法律赋予民事主体享有民事权利和承担民事义务的资格。

② 民事行为能力指民事主体通过自己的行为取得民事权利和履行民事义务的资格。

在建筑工程活动中,发包方与承包方的主体资格必须合格,特别是承包方,其必须具备法人资格,否则所签订的工程合同无效。

2. 合同订立的程序

合同的订立需要经过要约和承诺两个阶段,这是合同当事人订立合同必经的程序,也是双方当事人就合同条款进行协商和签署书面协议的过程。合同订立一般是先由当事人一方提出要约,再由当事人的另一方做出承诺的意思表示。

(1) 要 约

1) 要约的定义和条件:

要约是希望和他人订立合同的意思表示,即合同当事人的一方向另一方提出订立合同的要求,列明合同的条款,并限定对方在一定的期限内做出承诺的意思表示。提出要约的一方称要约人,接受要约的一方称受要约人。要约属于法律行为,应当具有以下条件:内容要具体、确定;表明经受要约人承诺,要约人即受该意思表示约束。

2) 要约邀请:

要约邀请是希望他人向自己发出要约的意思表示。要约邀请不是合同成立的必经过程,它是当事人订立合同的预备行为,在法律上无须承担责任。这种意思表示的内容往往不确定,不含有合同得以成立的主要内容,不含有相对人同意后受其约束的表示。例如,一方给另一方寄送的价目表、拍卖公告、招标公告、招股说明书、商业广告等都可以看作是要约邀请,但商业广告的内容若是符合要约规定的,可视为要约。

3）要约生效：

要约到达受要约人时生效。采用数据电文形式订立合同,收件人指定特定系统接收数据电文的,该数据电文进入该特定系统的时间,视为到达时间;未指定特定系统的,该数据电文进入收件人的任何系统的首次时间,视为到达时间。

4）要约撤回和要约撤销：

要约撤回是指要约在发生法律效力之前,要约人欲使其不发生法律效力而取消该项要约的意思表示。要约可以撤回,撤回要约的通知应当在要约到达受要约人之前或者与要约同时到达受要约人。

要约撤销是指要约在发生法律效力之后,要约人欲使其丧失法律效力而取消该项要约的意思表示。要约可以撤销,撤销要约的通知应当在受要约人发出承诺通知之前到达受要约人。但有下列情形之一的,要约不得撤销：

第一,要约人确定了承诺期限或者以其他形式明示要约不可撤销的；

第二,受要约人有理由认为要约不可撤销,并已经为履行合同做了准备工作的。

5）要约失效：

有下列情形之一的,要约失效:拒绝要约的通知到达要约人;要约人依法撤销要约;承诺期限届满,受要约人未做出承诺;受要约人对要约的内容做出实质性变更。

（2）承　诺

1）承诺的定义和条件：

承诺是受要约人同意要约的意思表示,是指合同当事人的一方对另一方发来的要约,在要约有效期内做出完全同意要约的意思表示。承诺具有以下条件：

第一,承诺必须由受要约人做出。非受要约人向要约人做出的接受要约的意思表示是一种要约而非承诺。

第二,承诺只能向要约人做出。非要约对象向要约人做出的完全接受要约意思的表示也不是承诺,因为要约人根本没有与其订立合同的意愿。

第三,承诺的内容应当与要约的内容一致。

第四,承诺必须在承诺期限内发出,超过期限则无效。

2）承诺的方式：

承诺应以通知的方式做出,但根据交易习惯或者要约表明可以通过行为做出承诺的除外。

3）承诺的期限：

承诺应在要约确定的期限内到达要约人。如果要约没有确定承诺期限,承诺应依照下列规定到达:要约以对话方式做出的,应即时做出承诺,但当事人另有约定的除外;要约以非对话方式做出的,承诺应在合理期限内到达。

这样的规定主要是表明承诺的期限应与要约相对应。若受要约人在承诺期限内发出承诺,按照通常情形能够及时到达要约人,但因其他原因承诺到达要约人时超过承诺期限的,除要约人及时通知受要约人因承诺超过期限不接受该承诺的以外,该承诺有效。

4）承诺的生效：

承诺通知到达要约人时生效，若承诺是不需要通知的，则根据交易习惯或者要约的要求在做出承诺的行为时生效。

5）承诺的撤回、超期或延迟：

承诺的撤回是指承诺人阻止或消灭承诺发生法律效力的意思表示。承诺可以撤回，撤回承诺的通知应当在承诺通知到达要约人之前或者与承诺通知同时到达要约人。

承诺的超期是指受要约人超出承诺期限而发出的承诺。超期的承诺，要约人可以承认其法律效力，但必须及时通知受要约人，否则受要约人也许会认为承诺并没有生效，或者视为自己发出新的要约而在等待对方的承诺。

承诺的延迟是指受要约人在承诺期限内发出承诺，由于其他原因致使承诺未能及时到达要约人的情况。除要约人及时通知受要约人超期不接受承诺外，延迟承诺是有效的。

5.1.7 合同的成立

1. 合同成立的含义

合同成立指当事人对合同主要条款达成一致意见而使合同生效。在工程建设中，合同是否成立的意义非常重要，它关系到以下重大问题：

① 合同是否存在。

② 所承担的责任。如果合同成立且有效，若当事人一方违约，就应承担违约责任；如合同应成立而未成立，有过错的当事人一方就应承担缔约过失责任。

③ 合同生效。《合同法》第四十四条规定："依法成立的合同，自成立时生效。法律、行政法规规定应办理批准、登记等手续生效的，依照其规定。"为维护公平与当事人的合法权益，《合同法》还规定了以合同书形式订立的合同成立条件。《合同法》第三十二条规定："当事人采用合同书形式订立合同的，自双方当事人签字或者盖章时合同成立。"

2. 合同成立的分类

(1) 不要式合同的成立

不要式合同的成立是指合同当事人就合同的标的、数量等内容协商一致。如果法律法规、当事人对合同的形式、程序没有特殊的要求，则承诺生效时合同成立。因为承诺生效即意味着当事人对合同的内容达成一致，对当事人产生约束力。

(2) 要式合同的成立

当事人采用合同书形式订立合同的，自双方当事人签字或者盖章时合同成立。如果在签字盖章之前，当事人一方已经履行主要义务，则对方接受的该合同成立。因为合同的形式只是当事人意思的载体,从本质上说,法律、行政法规在合同形式上的要求也是为了保障交易安全,如果在形式上不符合要求,但当事人已经有了交易事实,此种情形下再强调合同形式就失去了意义。当然,在没有履行行为之前,合同的形式尚不符合要求,则合同未成立。需要注意的是,合同书的表现形式是多样的,在很多情况下双方签字、盖章只要具备其中一项即可。在建设工程施工合同履行中,有合法授权的一方代表签字确认的内容也可以作为合同的内容。

当事人采用信件、数据电文等形式订立合同的,可以在合同成立之前要求签订确认书,签订确认书时合同成立。法律、行政法规规定或当事人约定采用书面形式订立合同的,若当事人未采用书面形式,但一方已经履行了主要义务,且对方接受的,则该合同成立。

3. 合同成立的地点

一般情况下,要约生效的地点即为合同成立的地点。当事人采用合同书形式订立合同的,双方当事人签字或者盖章的地点为合同成立的地点。当事人采用数据电文形式订立合同的,收件人的主营业地为合同成立的地点。没有主营业地的,其经常居住地为合同成立的地点。当事人另有约定的,按照其约定。

5.1.8　合同的效力

1. 合同效力的定义

合同效力即合同的法律效力,指已成立的合同在当事人之间产生的法律约束力。合同只有产生法律效力,才受法律的保护。因此,在工程合同签订中,首先应考虑合同的法律效力。如果所签订的合同无效,不但得不到法律的保护,还要承担相应的法律责任。

2. 合同生效的要件

根据《民法通则》的规定,合同生效的必要条件有以下几项:

(1) 当事人具有相应的民事权利能力和民事行为能力

订立合同的当事人必须具有相应的民事权利能力和理解自己行为的能力,即合同当事人应当具有相应的民事权利能力和民事行为能力。对于自然人而言,民事权利能力始于出生,完全民事行为能力人可以订立一切法律允许自然人作为合同主体的合同。法人和其他组织有权利能力确定它们的经营、活动范围,民事行为能力则与它们的权利能力相一致。

在建设工程合同中,合同当事人一般都应具有法人资格,并且承包方还应具备相应的资质等级。否则,当事人就不具有相应的民事权利能力和民事行为能力,订立的合同无效。

(2) 意思表示真实

意思表示真实是《合同法》平等、自愿原则的体现。当事人双方只有在平等、自愿

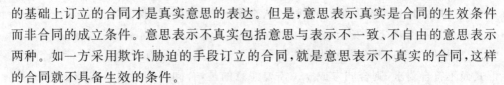

的基础上订立的合同才是真实意思的表达。但是，意思表示真实是合同的生效条件而非合同的成立条件。意思表示不真实包括意思与表示不一致、不自由的意思表示两种。如一方采用欺诈、胁迫的手段订立的合同，就是意思表示不真实的合同，这样的合同就不具备生效的条件。

(3) 不违反法律或者社会公共利益

① 不违反法律：指不违反法律、行政法规的强制性规定，否则合同无效。

② 不违反社会公共利益：对于社会公共利益，我国法律目前无明确的规定，一般理解为包括我国社会生活的基础、条件、环境、秩序、目标和道德准则及良好的风俗习惯等。

(4) 必须具备法律所要求的形式

《合同法》第四十四条第二款规定："法律、行政法规规定应当办理批准、登记等手续生效的，依照其规定。"这是法律对合同成立和生效的特别规定，是国家依法对合同行使审查、审批权。如《中华人民共和国中外合资经营企业法》《中华人民共和国中外合作经营企业法》规定：中外合资经营合同、中外合作经营合同必须经过有关部门的审批后才具有法律效力。又如《中华人民共和国担保法》规定，抵押合同经登记生效。

最高人民法院《关于适用〈中华人民共和国合同法〉若干问题的解释（一）》（以下简称《〈合同法〉解释（一）》）第九条规定："依照合同法第四十四条第二款的规定，法律、行政法规规定合同应当办理批准手续或者办理批准、登记等手续才生效。在一审法庭辩论终结前当事人仍未办理批准手续的，或者仍未办理批准、登记等手续的，人民法院应当认定该合同未生效。法律、行政法规规定合同应当办理登记手续，但未规定登记后生效的，当事人未办理登记手续不影响合同的效力，合同标的所有权及其他物权不能转移。"

3. 合同的生效时间及效力待定合同

(1) 合同的生效时间

① 合同的生效时间的一般规定：依法成立的合同，自成立时生效；法律、行政法规规定应当办理批准、登记等手续生效的，依照其规定执行。

② 附条件和附期限合同的生效时间：

a. 附条件合同的定义。附条件合同指合同当事人在合同中对未发生的事实予以事先约定，并在合同履行中以发生或者不发生事先约定的事实为依据，作为合同生效或者不生效条件的合同。《合同法》第四十五条规定："当事人对合同的效力可以约定附条件，附生效条件的合同，自条件成就时生效。附解除条件的合同，自条件成就时失效。当事人为自己的利益不正当地阻止条件成就的，视为条件已成就；不正当地促成条件成就的，视为条件不成就。"在建设工程施工合同中，当事人双方在合同中约定工程提前竣工与工期延期的奖罚对等条件就属于附条件的合同，双方所约定的奖罚只有在条件成就时才能产生效力。

b. 附条件合同的种类。附条件合同一般有两种：附生效条件和解除条件的合同，附积极条件和消极条件的合同。由于附条件合同的效力取决于所附条件的成就，为此，任何一方均不得恶意地促成条件成就或者阻止条件成就。

c. 附期限合同的定义。附期限合同指合同当事人对合同的效力附一定期限，并在合同履行中以所附期限作为该合同效力的依据。《合同法》第四十六条规定："当事人对合同的效力可以约定附期限，附生效期限的合同，自期限届至时生效。附终止期限的合同，自期限届满时失效。"

d. 附期限合同的种类。附期限合同一般有两种：附生效期限的合同，自期限届至时生效；附终止期限的合同，自期限届满时失效。

（2）效力待定合同

有些合同效力较为复杂，不能直接判断是否生效，而是与合同的一些后果行为有关，这类合同即为效力待定合同，具体有以下几种情形：

① 限制民事行为能力人订立的合同。无民事行为能力人不能订立合同，限制民事行为能力人一般情况下也不能独立订立合同。限制民事行为能力人订立的合同，经法定代理人追认后，该合同有效。限制民事行为能力人的监护人是其法定代理人，但纯获利益的合同或者与其年龄、智力、精神健康状况相适应而订立的合同，必须经法定代理人追认。相对人可以催告法定代理人在一个月内予以追认，法定代理人未作表示的，视为拒绝追认。合同被追认之前，相对人有撤销的权利。撤销应当以通知的方式做出。

② 无代理权人订立的合同。行为人没有代理权、超越代理权或者代理权终止后以被代理人的名义订立的合同，未经代理人追认，对被代理人不产生效力，由行为人承担责任。相对人可以催告被代理人在一个月内予以追认，被代理人未作表示的，视为拒绝追认。合同被追认之前，善意相对人有撤销的权利，撤销应当以通知的方式做出。行为人没有代理权、超越代理权或者代理权终止后以被代理人的名义订立的合同，相对人有理由相信行为人有代理权的，该代理行为有效。

③ 法定代表人、负责人超越权限订立的合同。法人或者其他组织的法定代表人、负责人超越权限订立的合同，除相对人知道或者应当知道其超越权限的以外，该代表行为有效。

④ 无处分权人处分他人财产订立的合同。无处分权人处分他人财产订立的合同，一般情况下是无效的。但是，经权利人追认或者无处分权的人通过订立合同取得处分权的，该合同有效。

4. 涉及代理的合同效力

合同具备生效条件，代理行为符合法律规定，授权代理人在授权范围内订立的合同当然有效。但在有些情况下，涉及代理的合同效力十分复杂，主要有以下几种：

(1) 限制民事行为能力人订立的合同

限制民事行为能力人订立的合同,经法定代理人追认后,合同有效。限制民事行为能力人的监护人是其法定代理人。相对人可以催告法定代理人在 1 个月内予以追认,法定代理人未作表示的,视为拒绝追认。合同被追认之前,善意相对人有撤销的权利。撤销应当以通知的方式作出。

(2) 无权代理

无权代理是指行为人没有代理权、超越代理权或者代理权终止后以被代理人名义订立的合同。该代理合同未经被代理人追认的,则对被代理人不发生效力,由行为人承担责任。相对人可以催告被代理人在 1 个月内予以追认。被代理人未作表示的,视为拒绝追认。合同被追认之前,善意相对人有撤销的权利。撤销应以通知的方式作出。行为人没有代理权、超越代理权或者代理权终止后以被代理人的名义订立合同,相对人有理由相信行为人有代理权的,该代理行为有效。

(3) 表见代理

表见代理是善意相对人通过被代理人的行为足以相信无权代理人具有代理权的代理。基于此项信赖,该代理行为有效。善意第三人与无权代理人进行的交易行为(订立合同),其后果由被代理人承担。表见代理的规定,其目的是保护善意的第三人。

表见代理一般应具备以下条件:

① 表见代理人并未获得被代理人的明确授权,是无权代理;

② 客观上存在让相对人相信行为人具备代理权的理由;

③ 相对人善意且无过失。

5．无效合同

(1) 无效合同的定义

无效合同是指当事人违反了法律规定的条件而订立的,国家不承认其效力,不给予法律保护的合同。无效合同自订立之时起就没有法律效力,无论合同履行到什么阶段,合同被确认无效后,这种无效的确认要溯及至合同订立时。

(2) 无效合同的种类

除《合同法》第四十条规定的 3 条合同无效情形外,还规定有下列情形之一的,合同也属无效:

① 一方以欺诈、胁迫手段订立合同,损害国家利益;

② 恶意串通,损害国家、集体或第三人利益;

③ 以合法形式掩盖非法目的;

④ 损害社会公共利益;

⑤ 违反法律、行政法规的强制性规定。

《〈合同法〉解释(一)》第四条规定:"合同法实施以后,人民法院确认合同无效,应当以全国人民代表大会及其常务委员会制定的法律和国务院制定的行政法规为依据,不得以地方法规、行政规章为依据。”

6. 可变更与可撤销合同

(1) 可变更与可撤销合同的定义

可变更与可撤销合同指当事人订立的合同欠缺生效条件时,一方当事人可以依照自己的意思,请求人民法院或仲裁机构做出裁判,从而使合同的内容变更或者使合同的效力归于消灭的合同。

《合同法》第五十四条规定,有下列情形之一的合同,当事人一方有权请求人民法院或者仲裁机构变更或者撤销:

① 因重大误解订立的合同;

② 在订立合同时显失公平的合同;

③ 一方以欺诈、胁迫手段而订立的合同;

④ 乘人之危,使对方在违背真实意思的情况下订立的合同。

(2) 可变更与可撤销权的行使

合同当事人一般在以下几种情况下可行使可变更与可撤销权:

① 当事人请求变更的,人民法院或者仲裁机构不得撤销;

② 具有撤销权的当事人自知道或者应当知道撤销事由之日起一年内没有行使撤销权,该撤销权消灭;

③ 自债务人的行为发生之日起 5 年内没有行使撤销权的,该撤销权消灭;

④ 具有撤销权的当事人知道撤销事由后明确表示或者以自己的行为放弃撤销权的,该撤销权消灭。

7. 缔约过失的赔偿责任

(1) 缔约过失责任的定义

缔约过失责任是指在订立合同过程中,当事人一方或双方因自己的过失而致合同不成立、无效或被撤销,应对信赖其合同为有效成立的相对人赔偿基于此项信赖而发生的损失。

(2) 缔约过失责任的特征

缔约过失责任是在合同订立过程中所产生的一种弥补性的民事责任,所保护的是无过错一方当事人因合同不成立等原因遭受的实际损失。其具有如下特征:

① 只发生在合同的签订过程中;

② 合同应成立而未成立;

③ 合同未成立的原因是因一方当事人的过错所致;

④ 有过错的一方当事人给另一方当事人造成了损失;

⑤ 不存在免责问题。

（3）应承担缔约过失责任的行为

当事人在订立合同过程中有下列情形之一，给对方造成损失的，应承担损害赔偿责任：

① 假借订立合同，进行恶意磋商；

② 故意隐瞒与订立合同有关的重要事实或者提供虚假情况；

③ 有其他违背诚实信用原则的行为。例如，在建设工程招标投标过程中，招标人以不合理的条件限制或者排斥潜在的投标人，招标人透露可能影响公平竞争的情况，投标人相互串通或者与招标人串通投标，投标人弄虚作假、骗取中标，中标人将中标项目肢解后转让他人，招标人与中标人不按照中标文件订立合同或者招标人、中标人订立背离合同的实质协议等行为，均应属于建设工程中的缔约过失行为。

此外，当事人在订立合同过程中知悉的商业秘密，无论合同是否成立，不得泄露或者不正当地使用。泄露或者不正当地使用该商业秘密给对方造成损失的，应承担损害赔偿责任。

8. 合同无效或者被撤销后的法律后果

（1）无效合同或被撤销合同的法律效力

无效合同或者被撤销的合同自始没有法律约束力，合同部分无效，不影响其他部分效力的，其他部分仍然有效。合同无效、被撤销或者终止的，不影响合同中独立存在的有关解决争议方法的条款的效力。

（2）无效合同或被撤销合同的法律后果

合同被确认无效后，合同规定的权利义务即为无效。履行中的合同应当终止履行，尚未履行的不得继续履行。对因履行无效合同而产生的财产后果应当依法进行处理。该合同取得的财产，应予以返还；不能返还或者没有必要返还的，应作价补偿。有过错的一方应赔偿对方因此所受到的损失。双方都有过错的，应根据过错的大小各自承担相应的责任。

当事人恶意串通，损害国家、集体或者第三人利益，并因此取得的财产，收归国家所有或者返还集体、第三人。

5.1.9 抗辩权

抗辩权，是指合同当事人在法定的情况下享有拒绝履行合同义务的权利，这个权利可以终止合同的效力。《合同法》规定的抗辩权包括：同时履行抗辩权、后履行抗辩权和先履行抗辩权。三种抗辩权组成了《合同法》完整的抗辩制度。

1. 同时履行抗辩权

《合同法》第六十六条规定："当事人互负债务，没有先后履行顺序的，应当同时履行。一方在履行之前有权拒绝其履行要求。一方在对方履行债务不符合约定时，有权拒绝其相应的履行要求。"

同时履行抗辩权的适用条件包括以下几种：

① 由同一双务合同产生互负的对价给付债务。

② 合同中未约定履行的顺序。

③ 对方当事人没有履行债务或者没有正确履行债务。

④ 给付是可能履行的义务。所谓对价给付，是指合同关系中，当事人取得一定权利须履行相应义务、履行一定义务须得到相应的权利。

2. 后履行抗辩权

后履行抗辩权是指在建设工程施工合同的履行中，先履行义务的一方未履行义务或履行义务不符合约定，后履行的一方有拒绝履行的权利。《合同法》第六十七条规定："当事人互负债务，有先后履行顺序，先履行的一方未履行的，后履行一方有权拒绝其履行要求。先履行一方履行债务不符合约定的，后履行一方有权拒绝其相应的履行要求。"

后履行抗辩权的适用条件包括以下几种：

① 先履行的当事人不履行义务的，已到履行期的后履行的对方当事人享有不履行合同的权利。

② 先履行的当事人不适当履行合同造成根本违约的，对方当事人享有不履行的权利。

③ 先履行的当事人不适当履行构成部分履行的，对方当事人有权就未履行部分拒绝给付，只对其相应给付。

3. 先履行抗辩权

先履行抗辩权又称不安抗辩权，是指合同中约定了履行的顺序，合同成立后发生了应当后履行合同一方财务状况恶化的情况，应当先履行合同一方在对方未履行或者提供担保前有权拒绝先为履行。《合同法》第六十八、六十九条有对先履行抗辩权的规定。

《合同法》第六十八条规定："应当先履行债务的当事人，有确切证据证明对方有下列情形之一的，可以中止履行：

① 经营状况严重恶化；

② 转移财产、抽逃资金，以逃避债务；

③ 丧失商业信誉；

④ 有丧失或者可能丧失履行债务能力的其他情形。"

当事人没有确切证据中止履行的，应当承担违约责任。

《合同法》第六十九条规定："当事人依照本法第六十八条的规定中止履行的，应当及时通知对方。对方提供适当担保时，应当恢复履行。中止履行后，对方在合理期限内未恢复履行能力并且未提供适当担保的，中止履行的一方可以解除合同。"

5.2　建设工程施工合同概述

5.2.1　施工合同的概念

建设工程施工合同是发包人与承包人就完成具体工程项目的建筑施工、设备安装、设备调试、工程保修等工作内容,确定双方权利和义务的协议。施工合同是建设工程合同的一种,它与其他建设工程合同一样是双务有偿合同,在订立时应遵守自愿、公平、诚实信用等原则。

建设工程施工合同是建设工程的主要合同之一,其标的是将设计图纸变为满足功能、质量、进度、投资等发包人投资预期目的的建筑产品。作为施工合同的当事人,业主和承包商必须具备签订合同的资格和履行合同的能力。对业主而言,必须具备相应的组织协调能力,实施对合同范围内的工程项目建设的管理;对承包商而言,必须具备有关部门核定的资质等级,并持有营业执照等证明文件。

5.2.2　施工合同的特点

1. 合同标的的特殊性

施工合同的标的是各类建筑产品,建筑产品是不动产,建造过程中往往受到各种因素的影响。这就决定了每个施工合同的标的物不同于工厂批量生产的产品,具有单件性的特点。所谓"单件性",是指不同地点建造的相同类型和级别的建筑,施工过程中所遇到的情况不尽相同,在甲工程施工中遇到的困难在乙工程中不一定发生,而在乙工程施工中可能出现甲工程中没有发生过的问题。这就决定了每个施工合同的标的都是特殊的,相互间具有不可替代性。

2. 合同履行期限的长期性

由于建筑产品体积庞大、结构复杂、施工周期较长,施工工期少则几个月,一般都是几年甚至十几年,在合同实施过程中不确定影响因素多,受外界自然条件影响大,合同双方承担的风险高,当主观和客观情况变化时,就有可能造成施工合同发生变化,因此施工合同的变更较频繁,由施工合同引发的争议和纠纷也比较多。

3. 合同内容的多样性和复杂性

与大多数合同相比较,施工合同的履行期限长、标的额大,涉及的法律关系则包括劳动关系、保险关系、运输关系、购销关系等,具有多样性和复杂性。这就要求施工合同的条款应当尽量详尽。

4. 合同管理的严格性

合同管理的严格性主要体现在:对合同签订管理的严格性;对合同履行管理的严

格性;对合同主体管理的严格性。

5.2.3　施工合同签订的过程

建设工程施工合同签订的过程,是当事人双方互相协商并最后就各方的权利、义务达成一致意见的过程。签约是双方意志统一的表现。签订施工合同的时间很长,实际上它是从准备招标文件开始,继而是招标、投标、评标、中标,直至合同谈判结束为止的一段时间。

1. 建设工程施工合同签订的原则

建设工程施工合同签订的原则是指贯穿于订立施工合同的整个过程,对发承包双方签订合同起指导和规范作用,双方均应遵守的准则。建设工程施工合同签订的原则见表 5-1 所列。

表 5-1　建设工程施工合同签订的原则

序　号	原　则	说　明
1	依法签订的原则	(1) 必须依据《中华人民共和国经济合同法》《建筑安装工程承包合同条例》《建设工程合同管理办法》等有关法律、法规; (2) 合同的内容、形式、签订的程序均不得违法; (3) 当事人应当遵守法律、行政法规和社会公德,不得扰乱社会经济秩序,不得损害社会公共利益; (4) 根据招标文件的要求,结合合同实施中可能发生的各种情况进行周密、充分的准备,按照"缔约过失责任原则"保护企业的合法权益
2	平等互利、协商一致的原则	(1) 发包人、承包人作为合同的当事人,双方均平等地享有经济权利并平等地承担经济义务,其经济法律地位是平等的,没有主从关系; (2) 合同的主要内容须经双方协商达成一致,不允许一方将自己的意志强加于对方,也不允许一方以行政手段干预对方、压服对方
3	等价有偿的原则	(1) 签约双方的经济关系要合理,当事人的权利和义务是对等的; (2) 合同条款中应充分体现等价有偿原则,即: ① 一方给付,另一方必须按价值相等原则作相应给付; ② 不允许发生无偿占有、使用另一方财产现象; ③ 工期提前、质量全优者,要予以奖励; ④ 延误工期、质量低劣者,应予以罚款; ⑤ 提前竣工的收益由双方共同分享
4	严密完备的原则	(1) 充分考虑施工期内各个阶段,施工合同主体间可能发生的各种情况和一切容易引起争议的焦点问题,并预先约定解决问题的原则和方法; (2) 条款内容力求完备,避免疏漏,措辞力求严谨、准确、规范; (3) 对合同变更、纠纷协调、索赔处理等方面应有严格的合同条款作保证,以减少双方矛盾

续表 5 - 1

序 号	原 则	说 明
5	履行法律程序的原则	(1) 签约双方都必须具备签约资格,手续健全、齐备; (2) 代理人超越代理人权限签订的工程合同无效; (3) 签约的程序符合法律规定; (4) 签订的合同必须经过合同管理的授权机关鉴证、公证和登记等手续,对合同的真实性、可靠性、合法性进行审查,并给予确认,方能生效

2. 建设工程施工合同签订的程序

建设工程施工合同签订的程序见表 5 - 2 所列。

表 5 - 2　建设工程施工合同签订的程序

序 号	程 序	内 容
1	市场调查建立联系	(1) 施工企业对建设市场进行调查研究; (2) 追踪获取拟建项目的情况和信息,以及业主情况; (3) 当对某项工程有承包意向时,可进一步详细调查,并与业主取得联系
2	表明合作意愿投标报价	(1) 接到招标单位邀请或公开招标通告后,企业领导做出投标决策; (2) 向招标单位递交投标申请书,表明投标意向; (3) 研究招标文件,着手投标报价工作
3	协商谈判	(1) 接受中标通知书后,组成包括项目经理在内的谈判小组,依据招标文件和中标书草拟合同专用条款; (2) 与发包人就工程项目具体问题进行实质性谈判; (3) 通过协商达成一致,确立双方具体权利与义务,形成合同条款; (4) 参照施工合同示范文本和发包人拟定的合同条件与发包人订立施工合同
4	签署书面合同	(1) 施工合同应采用书面形式的合同文本; (2) 合同使用的文字要经双方确定,用两种以上语言的合同文本,须注明几种文本是否具有同等法律效力; (3) 合同内容要详尽具体,责任义务要明确,条款应严密完整,文字表达应准确规范; (4) 确认甲方,即业主或委托代理人的法人资格或代理权限; (5) 施工企业经理或委托代理人代表承包方与甲方共同签署施工合同
5	签证与公证	(1) 合同签署后,必须在合同规定的时限内完成履约保函、预付款保函、有关保险等保证手续; (2) 送交工商行政管理部门对合同进行鉴证并缴纳印花税; (3) 送交公证处对合同进行公证; (4) 经过鉴证、公证,确认合同的真实性、可靠性、合法性后,合同发生法律效力,并受法律保护

3. 施工合同签订的形式

《合同法》第十条、第十一条规定:"当事人订立合同,有书面形式、口头形式和其他形式。法律、行政法规规定采用书面形式的,应当采用书面形式。当事人约定采用书面形式的,应当采用书面形式。书面形式是指合同书、信件和数据电文(包括电传、传真、电子数据交换和电子邮件)等可以有形地表现所载内容的形式。"

《合同法》第二百七十条规定:"建设工程合同应当采用书面形式。"原因是施工合同涉及面广、内容复杂、建设周期长、标的金额大。

5.2.4 《建设工程施工合同(示范文本)》的组成和内容

我国住房城乡建设部门通过制定《建设工程施工合同(示范文本)》(GF－2017－0201)(以下简称《示范文本》)来规范承发包双方的合同行为。尽管示范文本在法律性质上并不具备强制性,但由于其通用条款较为公平合理地设定了合同双方的权利义务,因此得到了较为广泛的应用。合同的示范文本实际上就是含有格式条款的合同文本。采用示范文本或其他书面形式订立的建设工程合同,在组成上并不是单一的,凡是能体现招标人与中标人协商一致协议内容的文字材料,包括各种文书、电报、图表等,均为建设工程合同文件。

1. 合同文件的组成

《示范文本》由合同协议书、通用合同条款、专用合同条款三部分组成,并附有11 个附件:附件 1 是协议书附件《承包人承揽工程项目一览表》,附件 2～11 为专用合同条款附件。

① 合同协议书是《示范文本》中的总纲性文件。虽然其文字量并不大,但它规定了合同当事人双方最主要的权利义务,规定了组成合同的文件及合同当事人对履行合同义务的承诺,并且合同当事人在这份文件上签字盖章,因此具有很高的法律效力。合同协议书的内容包括工程概况、合同工期、质量标准、签约合同价与合同价格形式、项目经理、合同文件构成、承诺、词语含义、签订时间、签订地点、补充协议、合同生效、合同份数。

② 通用合同条款是根据《合同法》《建筑法》等法律、法规对承发包双方的权利义务做出的规定,除双方协商一致对其中的某些条款作了修改、补充或取消的情况外,双方都必须履行。通用合同条款是将建设工程施工合同中共性的一些内容抽象出来编写的一份完整的合同文件,具有很强的通用性,基本适用于各类建设工程。通用合同条款共 20 条,包括一般约定、发包人、承包人、监理人、工程质量、安全文明施工与环境保护、工期与进度、材料与设备、试验与检验、变更、价格调整及合同价格、计量与支付等条目。

③ 考虑到建设工程的内容各不相同,工期、造价也随之变动,承包方、发包方各自的能力、施工现场的环境和条件也各不相同,通用合同条款不能完全适用于各个具

体工程,因此配之以专用合同条款对其作必要的修改和补充,使通用合同条款和专用合同条款成为双方统一意愿的体现。专用合同条款的条款号与通用合同条款相一致,由当事人根据工程的具体情况予以明确或者对通用合同条款进行修改。

如《示范文本》的附件则是对施工合同当事人的权利义务的进一步明确,并且使施工合同当事人的有关工作一目了然,便于执行和管理。

2. 合同文件的解释顺序

在工程实践中,当发现合同文件出现含糊不清或不相一致的情形时,通常按合同文件的优先顺序进行解释。合同文件的优先顺序,除双方另有约定外,应按合同条件中的规定确定,即排在前面的合同文件比排在后面的更具有权威性。因此,在订立建设工程合同时对合同文件最好按其优先顺序排列。《示范文本》通用合同条款 1.5 条规定了施工合同文件的解释顺序。

施工合同文件应能相互解释、互为说明。除专用条款另有约定外,组成施工合同的文件和优先解释顺序如下:

① 合同协议书。

② 中标通知书(如果有)。

③ 投标函及其附录(如果有)。

④ 专用合同条款及其附件。专用合同条款是发包方与承包方根据法律、行政法规规定,结合具体工程实际情况,经协商达成一致意见的条款,是对通用条款的具体化、补充或修改。

⑤ 通用合同条款。通用合同条款是根据法律、行政法规规定及建设工程施工的需要订立,通用于建设工程施工的条款,它代表我国的工程施工惯例。

⑥ 技术标准和要求:

a. 适用我国的国家标准、规范。

b. 没有国家标准、规范但有行业标准、规范的,则约定适用的行业标准、规范。

c. 没有国家和行业标准、规范的,则约定适用工程所在地的地方标准、规范;发包方应按专用合同条款约定的时间向承包方提供一式两份约定的标准、规范。

d. 国内没有相应标准、规范的,由发包方按专用合同条款约定的时间向承包方提出施工技术要求,承包方按约定的时间和要求提出施工工艺,经发包方认可后执行。

e. 若发包方要求使用国外标准、规范的,应负责提供中文译本,所发生的购买和翻译标准、规范或制定施工工艺的费用,由发包方承担。

⑦ 图纸。

⑧ 已标价工程量清单或预算书。

⑨ 其他合同文件。

合同履行中,双方有关工程的洽商、变更等书面协议或文件视为本合同的组成部分,在不违反法律和行政法规的前提下,当事人可以通过协商变更合同的内容。这些变更的协议或文件的效力高于其他合同文件,且签署在后的协议或文件效力高于签署在先的协议或文件。

采用合同书包括确认书形式订立合同的,自双方当事人签字或者盖章时合同成立。签字或盖章不在同一时间的,最后签字或盖章时合同成立。

施工合同文件使用汉语语言文字进行书写、解释和说明。如专用条款约定使用两种以上(含两种)语言文字时,汉语应为解释和说明施工合同的标准语言文字。在少数民族地区,双方可以约定使用少数民族语言文字书写和解释、说明施工合同。

5.2.5　施工合同主要参与方的权利及义务

1. 发包人

发包人是指在协议书中约定,具有工程发包主体资格和支付工程价款能力的当事人及其合法继承人。在我国,发包人可能是工程的业主,也可能是工程的总承包单位。

发包人的首要义务就是按照合同约定的期限和方式向承包人支付合同价款及应支付的其他款项。同时,发包人还应按合同专用条款约定的内容和时间完成以下工作:

① 办理土地征用、拆迁补偿、平整施工现场等工作,使施工场地具备施工条件。在开工后继续解决相关的遗留问题。

② 将施工所需水、电、电信线路接至专用条款约定地点,并保证施工期间的需要。

③ 开通施工场地与城乡公共道路的通道以及由专用条款约定的施工场地内的主要交通干道,满足施工运输的需要,并保证施工期间的畅通。

④ 向承包人提供施工场地的工程地质和地下管网线路资料,对资料的正确性负责。

⑤ 办理施工许可证及其他施工所需的证件、批件和临时用地、停水、停电、中断交通、爆破作业等申请批准手续(证明承包人自身资质的证件除外)。

⑥ 确定水准点与坐标控制点,以书面形式交给承包人,并进行现场交验。

⑦ 组织承包人和设计单位进行图纸会审,向承包人进行设计交底。

⑧ 协调处理施工现场周围地下管线和邻近建筑物、构筑物(包括文物保护建筑)、古树名木的保护工作,并承担有关费用。

⑨ 由专用条款约定的其他应由发包人负责的工作。

上述这些工作也可以在专用条款中约定由承包人负责,但由发包人承担相关费用。发包人如果不履行上述各项义务,导致工期延误或给承包人造成损失的,发包人应予以赔偿,延误的工期相应顺延。

合同约定由发包人供应材料设备的,发包人还应按照约定遵从以下规定:

① 若工程实行由发包人提供材料设备,则双方应当约定发包人供应材料设备的一览表,作为本合同附件。双方在专用条款内约定发包人供应材料设备的结算方式。

② 发包人应按一览表内约定的内容提供材料设备,并向承包人提供其产品合格证明,对其质量负责。发包人在所供材料设备到货前 24 小时,以书面形式通知承包人,由承包人派人与发包人共同清点。

③ 清点后由承包人妥善保管,发包人支付相应的保管费用。若发生丢失损坏,由承包人负责赔偿。发包人未通知承包人验收的,承包人不负责材料设备的保管,丢失损坏由发包人负责赔偿。

④ 如果发包人供应的材料设备与一览表不符,发包人应按专用条款的约定承担有关责任。

⑤ 发包人供应的材料设备使用前由承包人负责检验或试验,不合格的不得使用,检验或试验费用由发包人承担。

2. 承包人

承包人指在协议书中约定,被发包人接受的具有工程承包主体资格的当事人及其合法继承人。承包人负责工程的施工,是施工合同的实施者。

承包人按照合同规定进行施工、竣工并完成工程质量保修责任。承包人的工程范围由合同协议书约定或由工程项目一览表确定,并应按专用条款约定的内容和时间完成以下工作。

① 根据发包人的委托,在其设计资质允许的范围内,完成施工图设计或与工程配套的设计,经工程师确认后使用,发生的费用由发包人承担。

② 向工程师提供年、季、月度工程进度计划及相应的进度统计报表。

③ 按工程需要提供和维修夜间施工使用的照明设备、围栏设施,并负责安全保卫工作。

④ 按专用条款约定的数量和要求,向发包人提供施工现场办公和生活的房屋及设施,费用由发包人承担。

⑤ 遵守有关部门对施工场地交通、施工噪声以及环境保护和安全审查等的管理规定,按管理规定办理有关手续,并以书面形式通知发包人。发包人承担由此发生的费用,因承包人责任造成的罚款除外。

⑥ 已竣工工程在未交付发包人之前,承包人按专用条款约定负责保护工作。如若保护期间发生损坏,承包人自费予以修复。

⑦ 按专用条款的约定做好施工现场地下管线和邻近建筑物、构筑物(包括文物保护建筑)、古树名木的保护工作。

⑧ 保证施工现场清洁符合环境卫生管理的有关规定,交工前清理现场达到专用条款约定的要求,承担因自身原因违反有关规定造成的损失和罚款。

⑨ 在专用条款中约定的其他工作。

承包人如果不履行上述条款各项义务,则应赔偿发包人有关损失。

如果承包人提出使用专利技术或特殊工艺,必须报工程师认可后方能实施,承包人负责办理申报手续并承担有关费用。承包人在正常的施工过程中还应该履行安全施工的责任。

承包人在进行工程分包时,应按条款的约定来分包部分工程。具体条款如下:

① 非经发包人同意,承包人不得将承包工程的任何部分分包出去。

② 承包人不得将其承包的全部工程转包给他人,也不得将其承包的全部工程肢解后以分包的名义分别转包给他人。

③ 工程分包不能解除承包人任何责任与义务。分包单位的任何违约行为、安全事故或疏忽导致工程损害或给发包人造成其他损失的,承包人承担责任。

④ 分包工程价款由承包人与分包单位结算。未经承包人同意,发包人不得以任何名义向分包单位支付各种工程款。

⑤ 承包人在采购材料、设备时,应该遵从相应的约定。

3. 工程师

我国《施工合同示范文本》中的"工程师"的身份包括发包人派驻工地履行合同的代表,以及在实行工程监理制度的项目中监理单位委派的总监理工程师。

监理单位应具有相应工程监理资质等级证书。发包人应在实施监理前将委托的监理单位名称、监理的内容及监理的权限以书面形式通知承包人。

如果发包人分别委派驻工地的代表和总监理工程师在现场共同工作,他们的职责不得相互交叉。如果发生交叉或不明确时,应由发包人以书面形式明确双方职责。

工程师负责工程现场的管理工作,行使合同规定的"工程师"的权力和职责。发包人可以在专用条款内要求工程师在行使某些职权前需经过发包人的批准。除合同明确规定或经发包人同意外,负责监理的工程师无权解除合同规定的承包人的任何权利与义务。

工程师可委派工程师代表行使合同规定的工程师的职权,并可在认为必要时撤回委派。委派和撤回均应提前 7 天以书面形式通知承包人。工程师代表的行为与工程师的行为有同等效力。

合同履行中,发生影响合同双方权利或义务的事件时,负责监理的工程师应依据合同在其职权范围内客观公正地进行处理。一方对工程师的处理有异议时,按合同所确定的争执解决程序处理。

工程师在工程实施过程中发布指令时,应满足相应条款的约定。

工程师易人,发包人应至少于易人前 7 天以书面形式通知承包人,后任继续行使合同文件约定的前任的职权,履行前任的义务。

5.3 建设工程施工合同的主要内容

施工合同签订后,承、发包双方必须按合同的规定来履行各自的义务,完成合同定义的工作目标。由于各种不确定因素的干扰,工程实施过程常常偏离总目标,因此必须对合同的实施进行控制。合同实施控制就是为了保证工程实施按预定的计划进行,顺利地实现预定的目标。

施工合同的控制性条款主要包括工程进度控制、工程质量控制、工程投资控制、风险及双方的违约及合同终止等内容。

5.3.1 工程进度控制

1. 准备阶段

(1) 合同工期的约定

工期指发包人和承包人在协议书中约定,按总日历天数(包括法定节假日)计算的承包天数。合同工期是施工的工程从开工起到完成专用条款约定的全部内容,工程达到竣工验收标准为止所经历的时间。

承发包双方必须在协议书中明确约定工期,包括开工日期和竣工日期。开工日期指发包人和承包人在协议书中约定,承包人开始施工的绝对或相对日期。竣工日期指发包人和承包人在协议书中约定,承包人完成承包范围内工程的绝对或相对日期。工程竣工验收通过,实际竣工日期为承包人送交竣工验收报告的日期;工程按发包人要求修改后通过竣工验收的,实际竣工日期为承包人修改后提请发包人验收的日期。合同当事人应当在开工日期前做好一切开工的准备工作,承包人则应当按约定的开工日期开工。

对于群体工程,双方应在合同附件中具体约定不同单位工程的开工日期和竣工日期。对于大型、复杂的工程项目,除了约定整个工程的开工日期、竣工日期和合同工期的总日历天数外,还应约定重要里程碑事件的开工日期与竣工日期,以确保工期总目标的顺利实现。

(2) 进度计划

承包人应按专用条款约定的日期将施工组织设计和工程进度计划提交工程师,工程师按专用条款约定的时间予以确认或提出修改意见,逾期不确认也不提出书面意见的,则视为已经同意。群体工程中单位工程分期进行施工的,承包人应按照发包人提供的图纸及有关资料的时间,按单位工程编制进度计划,其具体内容在专用条款中约定,分别向工程师提交。

工程师对进度计划予以确认或者提出修改意见,并不免除承包人对施工组织设计和工程进度计划本身的缺陷所应承担的责任。工程师对进度计划予以确认的主要目的,是为工程师对进度进行控制提供依据。

(3) 其他准备工作

在开工前,合同双方还应该做好其他各项准备工作,如发包人应当按照专用条款的约定使施工场地具备开工条件,开通通往施工场地的道路;承包人应当做好施工人员和设备的调配工作,按合同规定完成材料设备的采购准备等。工程师需要做好水准点与坐标控制点的交验。为了能够按时向承包人提供施工图纸,工程师需要做好协调工作,组织图纸会审和设计交底等。

(4) 开工及延期开工

承包人应当按照协议书约定的开工日期开始施工。若承包人不能按时开工,应当不迟于协议书约定的开工日期前 7 天,以书面形式向工程师提出延期开工的理由和要求。工程师应当在接到延期开工申请后的 48 小时内以书面形式答复承包人。工程师在接到申请后 48 小时内未答复的,视为已同意承包人要求,工期相应顺延。如果工程师不同意延期要求或承包人未在规定时间内提出延期开工要求的,工期不予顺延。

因发包人原因导致不能按照协议书约定日期开工的,工程师应以书面形式通知承包人推迟开工日期。承包人对延期开工的通知没有否决权,但发包人应当赔偿承包人因此造成的损失,并相应顺延工期。

2. 施工阶段

(1) 工程师对进度计划的检查与监督

工程开工后,承包人必须按照工程师批准的进度计划组织施工,接受工程师对进度的检查与监督。检查与监督的依据一般是双方已经确认的月度进度计划。一般情况下,工程师每月检查一次承包人的进度计划执行情况,由承包人提交一份上月进度计划实际执行情况和本月的施工计划。同时,工程师还应进行必要的现场实地检查。当工程实际进度与经确认的进度计划不符时,承包人应按工程师的要求提出改进措施,经工程师确认后执行。但是,对于因承包人自身的原因导致实际进度与进度计划不符时,所有的后果都应由承包人自行承担,承包人无权就因改进措施而提出追加合同价款,工程师也不对改进措施的效果负责。如果采用改进措施后,经过一段时间工程实际进展赶上了进度计划,则仍可按原进度计划执行。如果采用改进措施一段时间后,工程实际进展仍明显与进度计划不符,则工程师可以要求承包人修改原进度计划,并经工程师确认后执行。但是,这种确认并不是工程师对工程延期的批准,而仅仅是要求承包人在合理的状态下施工。因此,如果承包人按修改后的进度计划施工不能按期竣工的,承包人仍应承担相应的违约责任;工程师应当随时了解施工进度计划执行过程中所存在的问题,并帮助承包人予以解决,特别是承包人无力解决的内外关系协调问题。

(2) 暂停施工

工程师认为确有必要暂停施工时,应当以书面形式要求承包人暂停施工,并在提出要求后 48 小时内提出书面处理意见。承包人应当按工程师的要求停止施工并妥善保护已完工程。承包人实施工程师作出的处理意见后,可以书面形式提出复工要求,工程师应当在 48 小时内给予答复。工程师未能在规定时间内提出处理意见,或收到承包人复工要求后 48 小时内未给予答复的,承包人可自行复工。因发包人原因造成停工的,由发包人承担所发生的追加合同价款,赔偿承包人由此造成的损失,并相应顺延工期;因承包人原因造成停工的,由承包人承担发生的费用,工期不予顺延。因工程师不及时作出答复,导致承包人无法复工的,由发包人承担违约责任。

当发包人出现某些违约情况时,承包人可以暂停施工,这是合同赋予承包人保护自身权益的有效措施。如发包人不按合同约定及时向承包人支付工程预付款、工程进度款且双方未达成延期付款协议,在承包人发出要求付款通知后仍不付款的,经过一段时间后,承包人可暂停施工。这时,发包人应当承担相应的违约责任。出现这种情况时工程师应当尽量督促发包人履行合同,以求减少双方的损失。

在施工过程中出现一些意外情况,如果需要承包人暂停施工的,承包人应该暂停施工,此时工期是否给予顺延,应视风险责任应由谁承担而确定。如发现有价值的文物、发生不可抗力事件等,风险责任应由发包人承担,工期顺延。

(3) 工程变更

施工中发包人如果需要对原工程设计进行变更,应提前 14 天以书面形式向承包人发出变更通知。变更超过原设计标准或者批准的建设规模时,发包人应报规划管理部门和其他有关部门重新审查批准,并由原设计单位提供变更的相应图纸和说明。承包人按照工程师发出的变更通知及有关要求,进行相应的变更。由于发包人对原设计进行变更造成合同价款的增减及承包人的损失时,由发包人承担,延误的工期相应顺延。合同履行中发包人要求变更工程质量标准及发生其他实质性变更的,由双方协商解决。

承包人应当严格按照图纸施工,不得未经批准擅自对原工程设计进行变更。

(4) 工期延误

承包人应当按照合同工期完成工程施工,如果由于其自身原因造成工期延误的,则应承担违约责任。但因以下原因造成工期延误经工程师确认后,工期可相应顺延:

① 发包人未能按专用条款的约定提供图纸及开工条件。

② 发包人未能按约定日期支付工程预付款、进度款,致使施工不能正常进行。

③ 工程师未按合同约定提供所需指令、批准等,致使施工不能正常进行。

④ 设计变更和工程量增加。

⑤ 一周内因非承包人原因停水、停电、停气造成停工累计超过 8 小时。

⑥ 不可抗力。

⑦ 专用条款中约定或工程师同意工期顺延的其他情况。

上述这些情况工期可以顺延的原因在于:这些情况属于发包人违约或者是应当由发包人承担的风险。

承包人在以上情况发生后的 14 天内就延误的工期以书面形式向工程师提出报告,工程师在收到报告后 14 天内予以确认,逾期不予确认也不提出修改意见的,视为同意工期顺延。

3. 验收阶段

在竣工验收阶段,工程师进度控制的任务是督促承包人完成工程扫尾工作,协调竣工验收中的各方关系,参加竣工验收。

(1) 竣工验收的程序

承包人必须按照协议书约定的竣工日期或者工程师同意顺延的工期竣工。因承包人原因不能按照协议书约定的竣工日期或者工程师同意顺延的工期竣工的,承包人应当承担违约责任。

当承包人按合同要求全部完成后,具备竣工验收条件的,承包人按国家工程竣工验收的有关规定,向发包人提供完整的竣工资料和竣工验收报告。双方约定由承包人提供竣工图的,承包人应按专用条款内约定的日期和份数向发包人提交竣工图。

发包人收到竣工验收报告后 28 天内组织有关单位验收,并在验收后 14 天内给予认可或提出修改意见,承包人应当按要求进行修改,并承担因自身原因造成修改的费用。中间交工工程的范围和竣工时间,由双方在专用条款内约定。验收程序同上。

发包人收到承包人送交的竣工验收报告后 28 天内不组织验收,或者在验收后 14 天内不提出修改意见的,则视为竣工验收报告已经被认可。发包人收到承包人竣工验收报告后 28 天内不组织验收的,从第 29 天起承担工程保管及一切意外责任。

(2) 提前竣工

施工过程中如发包人因故工程需提前竣工的,业主和承包方双方经协商一致后可签订提前竣工协议,作为合同文件的组成部分。提前竣工协议应将要求提前的时间、承包人采取的赶工措施、发包人为提前竣工提供的条件、承包人为保证工程质量和安全采取的措施、提前竣工所需的追加合同价款等内容包括进去。

(3) 甩项工程

因特殊原因,发包人要求部分单位工程或工程部位需甩项竣工时,双方应另行订立甩项竣工协议,明确双方责任和工程价款的支付办法。

5.3.2　工程质量控制

工程施工中的质量控制是合同履行中的重要环节。施工合同的质量控制涉及多方面因素,任何一个方面的缺陷和疏漏,都会使工程质量无法达到预期的标准。承包人应按照合同约定的标准、规范、图纸、质量等级以及工程师发布的指令认真施工,并达到合同约定的质量等级。在施工过程中,承包人要随时接受工程师对材料、设备、中间部位、隐蔽工程、竣工工程等质量的检查、验收与监督。

1. 工程质量标准

工程质量应当达到协议书约定的质量标准,质量标准以国家或专业的质量验收标准为依据。因承包人原因导致工程质量达不到约定的质量标准的,由承包人承担违约责任。发包人对部分或全部工程质量有特殊要求的,应支付由此增加的追加合同价款(在专用条款中写明计算方法),对工期有影响的应相应顺延工期。

如果双方对工程质量有争议,由双方同意的工程质量检测机构鉴定,所需费用及因此而造成的损失,由责任方承担。双方均有责任的,由双方根据其责任分别承担。

2. 检查及返工

在工程施工过程中,工程师及其委派人员对工程进行检查检验是其日常工作和重要职能。承包人应认真按照标准、规范和设计图纸要求以及工程师依据合同发出的指令施工,随时接受工程师的检查检验,为检查检验提供便利条件。工程质量达不到约定标准的部分,工程师一经发现,即要求承包人拆除和重新施工,承包人应按工程师的要求拆除和重新施工,直到符合约定标准。因承包人原因达不到约定标准的,由承包人承担拆除和重新施工的费用,工期不予顺延。

工程师的检查检验不应影响施工的正常进行。如影响施工的正常进行,检查检验不合格时,影响正常施工的费用由承包人承担。除此之外,影响正常施工的追加合同价款由发包人承担,并相应顺延工期。因工程师指令失误或其他非承包人原因发生的追加合同价款,由发包人承担。以上检查检验合格后又发现由承包人原因引起的质量问题仍由承包人承担责任和发生的费用,赔偿发包人的直接损失,工期不予顺延。

3. 隐蔽工程和中间验收

由于隐蔽工程在施工中一旦完成隐蔽,很难再对其进行质量检查(这种检查成本很大),因此必须在隐蔽前进行检查验收。对于中间验收,双方可在专用条款中约定验收的单项工程和部位的名称、验收的时间、操作程序和要求,以及发包人应该提供的便利条件等。

当工程具备隐蔽条件或达到专用条款约定的中间验收部位时,承包人应首先自检合格,并在隐蔽或中间验收前 48 小时以书面形式通知工程师验收。通知包括隐蔽和中间验收的内容、验收时间和地点。承包人准备验收记录,验收合格后,工程师在验收记录上签字,之后承包人方可进行隐蔽和继续施工。若验收不合格,则承包人在工程师限定的时间内修改后重新验收。

工程师若不能按时进行验收,应在验收前 24 小时以书面形式向承包人提出延期要求,延期不能超过 48 小时。工程师未能按以上时间提出延期要求,不进行验收的,承包人可自行组织验收,工程师应承认验收记录。经工程师验收,工程质量符合标准、规范和设计图纸等要求的,若验收 24 小时内,工程师没有在验收记录上签字,则

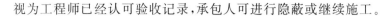

视为工程师已经认可验收记录,承包人可进行隐蔽或继续施工。

4. 重新检验

无论工程师是否进行验收,当工程师提出对已经隐蔽的工程重新检验的要求时,承包人应按要求进行剥离或开孔,并在检验后重新覆盖或修复。检验合格,发包人承担由此发生的全部追加合同价款,赔偿承包人损失,并相应顺延工期。检验不合格,承包人承担发生的全部费用,工期不予顺延。

5. 工程试车

安装工程施工完备,双方约定需要试车的,应当组织试车。试车内容应与承包人承包的安装范围相一致。

(1) 单机无负荷试车

设备安装工程具备单机无负荷试车条件的,由承包人组织试车,并在试车前48小时以书面形式通知工程师。通知包括试车内容、时间、地点。承包人准备试车记录。发包人根据承包人要求为试车提供必要的条件。试车合格后工程师在试车记录上签字。只有单机试运转达到规定要求,才能进行联试。工程师不能按时参加试车的,须在开始试车前24小时以书面形式向承包人提出延期要求,延期不能超过48小时。工程师未能按以上时间提出延期要求,并且不参加试车的,承包人可自行组织试车,工程师应承认试车记录。

(2) 联动无负荷试车

设备安装工程具备无负荷联动试车条件的,发包人组织试车,并在试车前48小时以书面形式通知承包人。通知包括试车内容、时间、地点和对承包人的要求。承包人按要求做好准备工作。试车合格的,双方在试车记录上签字。

(3) 投料试车

投料试车应在工程竣工验收后由发包人负责。如发包人要求在工程竣工验收前进行或需要承包人配合时,应当征得承包人同意,双方另行签订补充协议。

双方责任如下:

① 由于设计原因导致试车达不到验收要求的,发包人应要求设计单位修改设计,承包人按修改后的设计重新安装。发包人承担修改设计、拆除及重新安装的全部费用和追加合同价款,工期相应顺延。

② 由于设备制造原因导致试车达不到验收要求的,由该设备采购一方负责重新购置或修理,承包人负责拆除和重新安装。设备由承包人采购的,由承包人承担修理或重新购置、拆除及重新安装的费用,工期不予顺延;设备由发包人采购的,发包人追加合同价款承担上述各项,工期相应顺延。

③ 由于承包人施工原因导致试车达不到验收要求的,承包人按工程师要求重新安装和试车,并承担重新安装和试车的费用,工期不予顺延。

④ 试车费用除已包括在合同价款之内或专用条款另有约定外,均由发包人

承担。

⑤ 工程师在试车合格后未在试车记录上签字的,试车结束 24 小时后,视为工程师已经认可试车记录,承包人可继续施工或办理竣工手续。

6. 竣工验收

竣工验收是全面考核建设工作,检查是否符合设计要求和工程质量的重要环节。工程未经竣工验收或竣工验收未通过的,发包人不得使用。发包人强行使用的,由此发生的质量问题及其他问题,由发包人承担责任。但在此情况下发包人主要是对强行使用直接产生的质量问题和其他问题承担责任,不能免除承包人对工程的保修等责任。

7. 工程保修

承包人应当在工程竣工验收之前与发包人签订质量保修书,该保修书作为合同附件。质量保修书的主要内容包括工程质量保修范围和内容、质量保修期、质量保修责任、保修费用和其他约定五部分。

(1) 工程质量保修范围和内容

双方按照工程的性质和特点,具体约定保修的相关内容。房屋建筑工程的保修范围包括:地基基础工程、主体结构工程、屋面防水工程、有防水要求的卫生间和外墙面的防渗漏,供热与供冷系统,电气管线、给排水管道、设备安装和装修工程,以及双方约定的其他项目。

(2) 质量保修期

保修期从竣工验收合格之日起计算。当事人双方应针对不同的工程部位,在保修书内约定具体的保修年限。当事人协商约定的保修期限,不得低于法规规定的标准。国务院颁布的《建设工程质量管理条例》明确规定,在正常使用条件下的最低保修期限如下:

① 基础设施工程、房屋建筑的地基基础工程和主体工程,保修期为设计文件规定的该工程的合理使用年限。

② 屋面防水工程,有防水要求的卫生间、房间和外墙面的防渗漏,保修期为 5 年。

③ 供热与供冷系统,保修期为两个采暖期或供冷期。

④ 电气管线、给排水管道、设备安装和装修工程,保修期为 2 年。

(3) 质量保修责任

质量保修责任如下:

① 属于保修范围、内容的项目,承包人应在接到发包人的保修通知起 7 天内派人保修。若承包人不在约定期限内派人保修,发包人可以委托其他人修理。

② 发生紧急抢修事故时,承包人接到通知后应当立即到达事故现场抢修。

③ 涉及结构安全的质量问题,应立即向当地建设行政主管部门报告,采取相应的安全防范措施。由原设计单位或具有相应资质等级的设计单位提出保修方案,承

包人实施保修。

④ 质量保修完成后,由发包人组织验收。

(4) 保修费用

保修费用由造成质量缺陷的责任方承担。

《建设工程质量管理条例》颁布后,由于保修期限较长,对承包方不能按照约定、承诺及时履行保修责任规定了行政、经济处罚措施,并且合同要求承包方提供履约担保(担保的有效期至工程竣工和修补完任何缺陷为止)。为了维护承包人的合法利益,竣工结算时不宜再扣留质量保修金。

5.3.3　工程投资控制

1. 合同价款及调整

合同价款指发包人、承包人在协议书中约定,发包人用以支付承包人按照合同约定完成承包范围内全部工程并承担质量保修责任的款项。招标工程的合同价款由发包人和承包人依据中标通知书中的中标价格(总价或单价)在协议书中约定。非招标工程的合同价款由发包人和承包人依据工程预算书在协议书中约定。在合同协议书中约定的合同价款对双方均具有约束力,任何一方不得擅自改变,但它通常并不是最终的合同结算价格。最终的合同结算价格还包括在施工过程中发生、经工程师确认后追加的合同价款,以及发包人按照合同规定对承包方的扣减款项。

2. 工程预付款

预付款是在工程开工前发包人承诺预先支付给承包人用来进行工程准备的一笔款项。如果约定有工程预付款的,双方应当在专用条款内约定发包人向承包人预付工程款的时间和数额,开工后按约定的时间和比例逐次扣回。预付时间应不迟于约定的开工日期前 7 天。

发包人不按约定预付的,承包人可在约定预付时间 7 天后向发包人发出要求预付的通知,发包人收到通知后仍不能按要求预付的,承包人可在发出通知后 7 天停止施工,发包人应从约定应付之日起向承包人支付应付款的贷款利息,并承担违约责任。

3. 工程款(进度款)

(1) 工程量的确认

对承包人已完成工程量进行计量、核实与确认,是发包人支付工程款的前提。工程量的确认应符合以下规定:

① 承包人应按专用条款约定的时间,向工程师提交已完工程量的报告。

② 工程师接到报告后 7 天内按设计图纸核实已完工程量(计量),并在计量前 24 小时通知承包人,承包人应为计量提供便利条件并派人参加。承包人收到通知后不

参加计量的,计量结果仍有效,作为工程价款支付的依据。

③ 工程师收到承包人报告后 7 天内未进行计量的,从第 8 天起,承包人报告中开列的工程量即视为已被确认,作为工程价款支付的依据。

④ 工程师不按约定时间通知承包人,致使承包人未能参加计量的,计量结果无效。

⑤ 对承包人超出设计图纸范围和因承包人原因造成返工的工程量,工程师不予计量。

(2) 工程款(进度款)的结算方式

按月结算是国内外常见的一种工程款支付方式,一般在每个月末,承包人提交已完工程量报告,经工程师审查确认,签发月度付款证书后,由发包人按合同约定的时间支付工程款。

按形象进度分段结算是国内另一种常见的工程款支付方式。当承包人完成合同约定的工程形象进度时,承包人提出已完工程量报告,经工程师审查确认,签发付款证书后,由发包人按合同约定的时间付款。当工程项目工期较短或合同价格较低时,还可以采用工程价款每月月中预支、竣工后一次性结算的方法。

(3) 工程款(进度款)支付的程序和责任

在确认计量结果后 14 天内,发包人应向承包人支付工程款(进度款)。同期用于工程的发包人供应的材料设备价款、按约定时间发包人应扣回的预付款,与工程款(进度款)同期结算。合同价款调整、工程师确认增加的工程变更价款及追加的合同价款、发包人或工程师同意确认的工程索赔款等,也应与工程款(进度款)同期调整支付。

发包人超过约定的支付时间不支付工程款(进度款)的,承包人可向发包人发出要求付款的通知,发包人收到承包人通知后仍不能按要求付款的,可以与承包人协商签订延期付款协议,经承包人同意后可延期支付。协议应明确延期支付的时间和从计量结果确认后第 15 天起计算应付款的贷款利息。如若发包人不按合同约定支付工程款(进度款),双方又未达成延期付款协议,导致施工无法进行的,承包人可停止施工。

4. 其他费用

(1) 安全施工

承包人应遵守工程建设安全生产有关管理规定,严格按安全标准组织施工,并随时接受行业安全检查人员依法实施的监督检查,采取必要的安全防护措施消除事故隐患。由于承包人安全措施不力造成事故的责任和因此而发生的费用,由承包人承担。

发包人应对其在施工场地的工作人员进行安全教育,并对他们的安全负责。发包人不得要求承包人违反安全管理的规定进行施工。因发包人原因导致的安全事故,由发包人承担相应责任及所发生的费用。

承包人在动力设备、输电线路、地下管道、密封防震车间、易燃易爆地段以及临街交通要道附近施工时,施工开始前应向工程师提出安全防护措施,经工程师认可后实施。由发包人承担防护措施费用。

承包人在实施爆破作业或在放射、毒害性环境中施工(含贮存、运输、使用)及使用毒害性、腐蚀性物品施工时,承包人应在施工前 14 天以书面形式通知工程师,并提出相应的安全防护措施,经工程师认可后实施,由发包人承担安全防护措施费用。

发生重大伤亡及其他安全事故时,承包人应按有关规定立即上报有关部门并通知工程师,同时按政府有关部门要求处理,由事故责任方承担发生的费用。双方对事故责任有争议时,应按政府有关部门的认定处理。

(2)专利技术及特殊工艺

若发包人要求使用专利技术或特殊工艺,应负责办理相应的申报手续,承担申报、试验、使用等费用。承包人应按发包人要求使用,并负责试验等有关工作。承包人提出使用专利技术或特殊工艺,应取得工程师认可,承包人负责办理申报手续并承担有关费用。擅自使用专利技术侵犯他人专利权的,责任者依法承担相应责任。

(3)文物和地下障碍物

在施工中发现古墓、古建筑遗址等文物及化石或其他有考古、地质研究等价值的物品时,承包人应立即保护好现场并于 4 小时内以书面形式通知工程师,工程师应于收到书面通知后报告当地文物管理部门,发包人和承包人按文物管理部门的要求采取妥善保护措施。发包人承担由此发生的费用,延误的工期相应顺延。如发现后隐瞒不报,致使文物遭受破坏,责任者依法承担相应责任。

施工中发现影响施工的地下障碍物时,承包人应于 8 小时内以书面形式通知工程师,同时提出处置方案,工程师在收到处置方案后 24 小时内予以认可或提出修正方案。发包人承担由此发生的费用,延误的工期相应顺延。所发现的地下障碍物有归属单位时,发包人应报请有关部门协同处置。

5. 变更价款的确定

承包人在工程变更确定后的 14 天内,提出变更工程价款的报告,经工程师确认后调整合同价款。变更合同价款按下列方法进行:

① 合同中已有适用于变更工程的价格,可以参照已有的价格变更合同价款。

② 合同中只有类似于变更工程的价格,可以参照类似价格变更合同价款。

③ 合同中没有适用或类似于变更工程的价格,由承包人提出适当的变更价格,经工程师确认后执行。

6. 竣工结算

(1)竣工结算程序

工程竣工验收报告经发包人认可后 28 天内,承包人向发包人递交竣工结算报告及完整的结算资料,双方按照协议书约定的合同价款及专用条款约定的合同价款调整内容,进行工程竣工结算。发包人收到承包人递交的竣工结算报告及结算资料后28天内进行核实,给予确认或者提出修改意见。发包人确认竣工结算报告后通知经办银行向承包人支付工程竣工结算价款。承包人收到竣工结算价款后14天内将竣工工程交付给发包人。

(2) 竣工结算的违约责任

发包人收到竣工结算报告及结算资料后28天内无正当理由不支付工程竣工结算价款的,从第29天起按承包人同期向银行贷款利率支付拖欠工程价款的利息,并承担违约责任。发包人收到竣工结算报告及结算资料后28天内不支付工程竣工结算价款的,承包人可以催告发包人支付结算价款。发包人在收到竣工结算报告及结算资料后56天内仍不支付的,承包人可以与发包人协议将该工程折价,也可以由承包人申请人民法院将该工程依法拍卖,承包人就该工程折价或者拍卖的价款优先受偿。目前在建设领域,拖欠工程款的情况十分严重,承包人采取有力措施保护自己的合法权利是十分重要的。

工程竣工验收报告经发包人认可后28天内,承包人未能向发包人递交竣工结算报告及完整的结算资料,造成工程竣工结算不能正常进行或工程竣工结算价款不能及时支付,发包人要求交付工程的,承包人应当交付,发包人不要求交付工程的,承包人承担保管责任。承、发包双方对工程竣工结算价款发生争议时,按照合同约定程序处理争议。

7. 质量保修金

保修金(或称保留金、尾留款)是发包人在工程竣工后自应付承包人工程款中扣留的款项,其目的是约束承包人在竣工后履行保修义务。有关保修项目、保修期、保修内容、保修范围、保修期限及保修金额等均应在工程质量保修书中约定。如果承包方提供了履约担保则不宜再扣留质量保修金。

保修期满,承包人履行了保修义务,发包人应在质量保修期满后14天内结算,将剩余保修金和按工程质量保修书约定银行利率计算的利息一起返还给承包人。

5.4 建设工程施工合同的类型、适用范围及选择合同类型的影响因素

5.4.1 建设工程施工合同的类型

建设工程施工合同也称为建筑安装承包合同,是发包人(建设单位、业主或总包单位)与承包人(施工单位)之间为完成商定的建设工程项目,明确双方权利和义务的协议。建设工程施工合同是建筑工程合同中最重要,也是最复杂的合同。建设工程

施工合同是工程建设质量控制、投资控制、进度控制的主要依据。

施工合同可以按不同的标准加以分类,具体如下:

1. 根据合同所包括的工程或工作范围分类

建设工程施工合同按合同所包括的工程或工作范围可以划分为:

① 施工总承包,即承包商承担一个工程的全部施工任务,包括土建、水电安装、设备安装等。

② 专业承包,即单位工程施工承包和特殊专业工程施工承包。单位工程施工承包是最常见的工程承包合同,包括土木工程施工合同、电气与机械工程承包合同等。在工程中,业主可以将专业性很强的单位工程分别委托给不同的承包商。这些承包商之间为平行关系,例如管道工程、土方工程、桩基础工程等。但在我国不允许将一个工程肢解成分项工程分别承包。

③ 分包合同。它是施工承包合同的分合同。承包商将施工承包合同范围内的一些工程或工作委托给另外的承包商来完成。他们之间签订的合同即为分包合同。

2. 根据合同的计价方式分类

建设工程施工合同按合同的计价方式可以划分为总价合同、单价合同、其他价格形式。

(1) 总价合同

总价合同是指根据合同规定的工程施工内容和有关条件,业主应付给承包商的款额是一个规定的金额,即明确的总价。总价合同也称作总价包干合同。显然,在发、承包双方对工程内容和各种条件非常清楚明确的情况下,双方承受的风险就小。因此,一般在施工图完成施工任务和范围比较明确,发包人的目标、要求和条件都清楚的条件下才采用总价合同。

总价合同具有以下特点:

① 发包人可以在报价竞争状态下确定项目的总造价,可以较早确定或者预测工程成本;

② 承包人将承担较多的风险;

③ 评标时易于迅速确定最低报价的投标人;

④ 在施工进度上能极大地调动承包人的积极性;

⑤ 发包人能更容易、更有把握地对项目进行控制;

⑥ 必须完整而明确地规定承包人的工作;

⑦ 必须将设计和施工方面的变化控制在最小限度内。

(2) 单价合同

单价合同是承包人在投标时,按招投标文件就分部分项工程所列出的工程量表确定各分部分项工程费用的合同类型。由于单价合同允许随工程量变化而调整总价,即不存在工程量方面的风险,因此对合同双方都比较公平。另外,在招标前,发包人无须对工程范围做出完整的、详尽的规定,从而缩短招标准备的时间,投标人也只需对所列工程内容报出自己的单价,从而缩短投标时间。单价合同的适用范围比较广,其风险可以得到合理的分摊,并且能鼓励承包商通过提高工效等手段节约成本,提高利润。这类合同成立的关键在于双方对单价和工程量技术方法的确认。在合同履行中需要注意的问题则是双方对实际工程量计量的确认。

(3) 其他价格形式合同

合同当事人可在专用合同条款中约定其他合同价格形式。其他合同价格形式有成本加酬金和按照定额计价等合同类型,其中采用定额计价的合同比较常见。

① 定额计价的合同是相对清单计价合同而言的一种传统的价格形式,主要采用实物计量方式套用定额按"时价"来确定工程直接成本,然后在此基础上按规定计取其他各项费用的合同形式。

② 成本加酬金合同是由发包人向承包人支付工程项目的实际成本,并按事先约定的某一种方式支付酬金的合同类型。合同价款包括成本和酬金两部分,合同双方应在专用条件中约定成本构成和酬金的计算方法。按酬金的不同计算方法又可分为成本加固定百分比酬金合同、成本加固定酬金合同、成本加浮动酬金合同和目标成本加奖罚合同四种类型。

5.4.2 建设工程施工合同的适用范围

施工合同的类型有多种,在实际应用中应根据不同的项目特性选择适合的合同类型,主要从总价合同、单价合同及其他价格形式合同三种类型考虑它们的适用情况。

1. 总价合同

总价合同可分为固定总价合同和可调总价合同。

(1) 固定总价合同

固定总价合同是指在工程任务和内容明确、发包人的要求和条件清楚的情况下,以图纸及规定、规范为基础,由承发包双方就所承包的项目协商确定总价,"一笔包死",不因环境的变化和工程量的增减而变化。除非发生重大设计及工程范围变更或其他特殊情况,合同中约定可以调整的才可做相应的变动。因此,合同中要对重大设计变更进行定义,明确哪些属于能调整价格的特殊条件,以及合同价格的调整方法。

1) 合同双方的风险。

对发包人而言,在合同签订时就可以基本确定项目的总投资额,对投资控制有利,在双方都无法预测风险的条件下和可能有工程变更的情况下,承包人承担了较大的风险,发包人承担的风险较小。但工程变更和不可预见的困难易引起合同双方的纠纷或诉讼,最终导致其他费用增加。

对承包人而言,其承担的风险主要来自于两个方面:一是价格风险,包括报价计算错误、漏报项目、物价和人工费上涨等；二是工程量风险，包括工程量计算错误、工程范围不确定或者设计深度不够所造成的误差等。因此，承包人在报价时会对一切费用的价格变动因素做充分估计，并考虑在价格中。

2）合同的适用范围。

固定总价合同中双方结算比较简单，适用的情况有：

工程量小、工期短，估计在施工过程中环境因素（特别是物价）变化小，工程条件稳定并合理，与招标文件说明无明显差异；工程设计详细，图纸完整、清楚，工程任务和范围明确；工程结构和技术简单，一般很少或不采用新技术、新工艺，风险小，报价估算方便；投标期相对宽裕，承包人可以有充足的时间详细考察现场、复核工程量，分析招标文件，拟订施工计划；合同条件中双方的权利和义务十分清楚，合同条件完备。

（2）可调总价合同

可调总价合同是以图纸及规范、规定为基础，按照"时价"进行计算，得到包括全部工程任务和内容的暂定合同价格。它是一种相对固定的价格，在合同执行过程中，由于通货膨胀等原因导致所使用的人工、材料成本增加时，可以按照合同约定对合同总价进行相应的调整。而一般由于设计变更、工程量变化和其他工程条件变化引起的费用变化也可以进行调整。

可调总价合同只是在固定总价合同的基础上，增加合同履行过程因市场价格浮动对承包价格调整的条款，因此，在合同中明确约定合同价款的调整原则、方法和依据，往往在合同特别说明书中列明。调值工作必须按照这些特定的调值条款进行。可调总价合同与固定总价合同的不同之处在于，它对合同实施中出现的风险做了分摊，发包方承担了通货膨胀这一不可预测费用因素的风险，而承包方只承担了实施中实物工程量成本和工期等因素的风险。可调总价合同适用于工程内容和技术经济指标规定均较明确的工期在一年以上的项目。

2．单价合同

单价合同又分为固定单价合同和可调单价合同。

（1）固定单价合同

固定单价合同是指合同中确定的各项单价在合同执行期间不因价格变化而调整。常用的一种形式是清单工程量单价合同。清单工程量单价合同是指承包商在报价时，按照招标文件中提供的清单工程量报单价，在每个阶段办理结算时，根据实际完成的工程量结算，直至工程全部完成时按照竣工图的工程量办理竣工结算。

在固定单价合同条件下，无论发生哪些影响价格的因素，一般都不会对单价进行调整，因而承包人承担的风险较大，不仅包括市场价格的风险，而且还包括工程量偏差情况下施工成本提高的风险；而工程结算按实际完成工程量办理，业主也承担了较大的风险。从这种双方共同承担风险的形式来看，固定单价合同适用于工程性质比

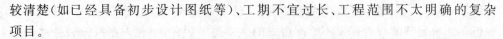

较清楚(如已经具备初步设计图纸等)、工期不宜过长、工程范围不太明确的复杂项目。

（2）可调单价合同

可调单价合同一般会在工程招标文件中予以规定。在合同中签订的单价,根据合同约定的条款,如在工程实施过程中物价发生变化等,可作调整。有的工程在招标或签约时,因某些不确定因素而在合同中暂定某些分部分项工程的单价,在工程结算时,再根据实际情况和合同约定对合同单价进行调整,确定实际结算单价。

可调单价合同中,合同双方可以以清单工程量为标准,确定当实际工程量发生较大的变化时单价如何调整;也可约定当通货膨胀达到一定水平或者国家政策发生变化时可以对哪些工程内容的单价进行调整及如何调整等。因此,承包人承担的风险相对较小,仅承担一定范围内的市场价格风险和工程量偏差对施工成本影响的风险。根据合同中约定的可调价格因素,发包人承担的风险较大。可调单价合同的适用范围较广,适合工程性质比较明确、工程规模大、技术复杂、工期长但工程量无法确定的项目。

3. 其他价格形式

（1）定额计价合同

定额计价合同中,工程直接成本直接明了,因而其他费用特别是管理费和利润这些存在较大竞争空间的费用,计价相对比较简单,有利于合同价款的谈判。但此合同中工程量由投标人计算,单价由投标人确定,因而投标人一般要承担工程量和价格的风险,且在合同管理中容易出现承包人下浮让利的情况。

定额计价合同中常见双方当事人"按照施工合同总价下浮百分之十让利"之类的约定。但工程直接成本一般是不允许进行下浮让利的,否则就会出现工程价款不足以摊销成本的现象。因而承包人想要不亏本,就只能偷工减料,造成不合格工程,最终就会直接损害发包人的利益。

定额计价合同的适用范围为:在符合国家、地区计价文件规定的前提下,工程量或综合单价无法准确计算的情况,亦或甲乙双方不愿意用其他计价方式而选择定额计价的情况。

（2）成本加酬金合同

成本加酬金合同中,业主需承担项目实际发生的一切费用,因此也就承担了项目的全部风险。而承包单位由于不用承担风险,其报酬往往也较低。这类合同的缺点是业主对工程总造价不易控制,承包商也往往不注意降低项目成本,因此一般不推荐采用成本加酬金合同。

成本加酬金合同的主要适用范围为:需要立即开展工作的项目,如震后的救灾工作;新型的工程项目或未确定项目工程内容及技术经济指标的项目;风险很大的项目。

5.4.3　选择合同类型的影响因素

1. 项目的规模和工期长短

如果项目的规模较小,工期较短,则合同类型的选择余地较大,总价合同、单价合同及成本加酬金合同都可选择。由于选择总价合同业主可以不承担风险,所以业主比较愿意选用此类合同。对这类项目,承包人同意采用总价合同的可能性较大,因为这类项目风险小,不可预测因素少。

2. 项目的竞争情况

如果在某一时期和某一地点,愿意承包某一项目的承包人较多,则业主拥有较大的主动权,可按照总价合同、单价合同、成本加酬金合同的顺序进行选择。如果愿意承包项目的承包人较少,则承包人拥有的主动权较大,可以尽量选择承包人愿意采用的合同类型。

3. 项目的复杂程度

如果项目的复杂程度较高,则意味着对承包人的技术水平要求高,项目的风险相应也比较大。因此,承包人对合同的选择有较大的主动权,总价合同被选用的可能性也相应较小。如果项目的复杂程度低,则业主对合同类型的选择有较大的主动权。

4. 项目的单项工程的明确程度

如果单项工程的类别和工程量都已十分明确,则可选用的合同类型较多,总价合同、单价合同、成本加酬金合同都可以选择。如果单项工程的分类已详细而明确,但实际工程量与预计的工程量可能有较大的出入时,则应优先选择单价合同。如果单项工程的分类和工程量都不甚明确,则无法采用单价合同。

5. 项目准备时间的长短

项目的准备包括业主的准备工作和承包人的准备工作。对于不同的合同类型,需要的准备时间和费用也会不同。对于一些非常紧急的项目如抢险救灾等项目,给予业主和承包人的准备时间都非常短,因此,只能采用成本加酬金的合同形式。反之,则可采用单价或总价合同形式。

6. 项目的外部环境因素

项目的外部环境因素包括项目所在地区的政治局势、经济局势(如通货膨胀、经济发展速度等)、劳动力素质(当地)、交通、生活条件等。如果项目的外部环境恶劣则意味着项目的成本高、风险大、不可预测的因素多,承包商很难接受总价合同的方式,此情形下适合采用成本加酬金合同。

5.5 FIDIC 施工合同条件

5.5.1 FIDIC 施工合同条件概述

1. FIDIC 简介

FIDIC 是指国际咨询工程师联合会（Fédération Internationale Des Ingénieurs Conseils），FIDIC 是该联合会法文名称的缩写，在国内一般译为"菲迪克"。该联合会是被世界银行认可的咨询服务机构，是国际上具有权威性的咨询工程师组织，总部设在瑞士洛桑。联合会成员在每个国家只有一个，至今已包括 80 多个国家和地区，我国在 1996 年 10 月正式加入。

FIDIC 下设五个长期性的专业委员会：业主咨询工程师关系委员会（CCRC）、土木工程合同委员会（CECC）、风险管理委员会（RMC）、质量管理委员会（QMC）和环境委员会（ENVC）。FIDIC 的各专业委员会编制了许多规范性的文件，这些文件不仅被 FIDIC 成员国广泛采用，而且世界银行、亚洲开发银行、非洲开发银行等金融机构也要求在其贷款建设的土木工程项目中使用以该文本为基础编制的合同条件，目前作为惯例已成为国际工程界公认的标准化合同格式。这些文件中有适用于工程咨询的《业主-咨询工程师标准服务协议书》，有适用于施工承包的《土木工程施工合同条件》、《电气与机械工程合同条件》、《设计-建造与交钥匙合同条件》和《土木工程分包合同条件》。1999 年 9 月，FIDIC 又出版了新的《施工合同条件》、《工程设备与设计-建造合同条件》、《EPC 交钥匙合同条件》及《简明合同格式》。

这些合同条件的文本不仅适用于国际工程，而且稍加修改后同样适用于国内工程，我国有关部委编制的适用于大型工程施工的标准化范本就是以 FIDIC 编制的合同条件为蓝本的。

常用的 FIDIC 合同条件如下：

(1)《土木工程施工合同条件》

《土木工程施工合同条件》是 FIDIC 最早编制的合同文本，也是其他几个合同条件的基础。该文本适用于业主（或业主委托第三人）提供设计的工程施工承包，是基于单价合同的标准化合同格式。土木工程施工合同条件的主要特点表现为：条款中责任的约定以招标选择承包商为前提，合同履行过程中建立以工程师为核心的管理模式。

(2)《电气与机械工程合同条件》

《电气与机械工程合同条件》适用于大型工程的设备提供和施工安装，承包工作范围包括设备的制造、运送、安装和保修几个阶段。此合同条件是在《土木工程施工合同条件》基础上编制的，针对相同情况制定的条款参照土木工程施工合同条件的规定。此合同条件与《土木工程施工合同条件》的区别主要表现为：一是此合同涉及的不确定风险的因素较少，但实施阶段管理程序较为复杂，因此条目少、款数多；二是此合同的支付管理程序与责任划分基于总价合同。此合同条件一般适用于大型项目中的安装工程。

(3)《设计-建造与交钥匙工程合同条件》

《设计-建造与交钥匙工程合同条件》是适用于总承包的合同文本，承包工作内容包括：设计、设备采购、施工、物资供应、安装、调试、保修。这种承包模式可以减少设计与施工之间的脱节或矛盾，而且有利于节约投资。此合同文本是基于不可调价的总价承包编制的合同条件。土建施工和设备安装部分的责任，基本上套用土木工程施工合同条件和电气与机械合同条件的相关约定。此合同条件既可以用于单一合同施工的项目，也可用于作为几个合同项目中的一个合同，如承包商负责提供各种设备、单项构筑物或整套设施的承包。

(4)《土木工程分包合同条件》

《土木工程施工分包合同条件》是与《土木工程施工合同条件》配套使用的分包合同文本。分包合同条件可用于承包商与其选定的分包商，或与业主选择的指定分包商的权利义务约定一致，但要区分负责实施分包工作当事人改变后两个合同之间的差异。

2. FIDIC 施工合同条件的特点

FIDIC 施工合同条件的特点如下：

① 由于对土木工程施工的具体情况做了详细的考察，因此合同文字严密、逻辑性强、内容广泛具体、可操作性强，但有时过于冗长繁琐。

② 监督管理制度严格。合同条款中规定了一整套科学的法律管理制度，如施工监理制度、合同担保制度、工程保险制度等。

③ 合同条款较为详尽，规定较为公平。具体表现在权利和义务趋于平等、风险责任分担上，合同中特别明确了业主应承担的风险责任。

FIDIC 合同条件在
我国的应用方式

④ 由于 FIDIC 合同条件是依据英国法律制定的，一般适用于采用传统英国法律体制和做法的国家，或至少是对此比较熟悉的国家。

3. FIDIC 施工合同条件的构成

FIDIC 施工合同条件由通用合同条件和专用合同条件两部分构成，且附有合同协议书、投标函和争端仲裁协议书。

(1) FIDIC 通用合同条件

"通用"的含义是，FIDIC 通用条件是固定不变的，工程建设项目只要是属于土木工程施工,如工业与民用建筑工程、水电工程、路桥工程、港口工程等建设项目均可适用。通用条件共分为 20 条,分别是:一般规定,雇主,工程师,承包商,指定的分包商,员工,工程设备、材料和工艺,开工、延误和暂停,竣工检验,雇主接收,缺陷责任,测量和估价,变更和调整,合同价款和支付,由雇主终止,由承包商暂停和终止,风险与职责,保险,不可抗力,索赔、争端和仲裁。在通用条件中还有附录及程序规则。

通用条件适用于所有土木工程,条款具体、明确,但不少条款还需要前后串联、对照才能最终明确其全部含义,或与其专用条件相应序号的条款联系起来,才能构成一条完整的内容。FIDIC 条款属于双方合同,即施工合同的签约双方(业主和承包商)都承担风险,又各自分享一定的权益。因此,其大量的条款明确地规定了在工程实施某一具体问题上双方的权利和义务。

(2) FIDIC 专用合同条件

基于不同地区、不同行业的土建类工程施工的共性条件而编制的通用条件已是分门别类、内容详尽的合同文件范本。但这些还不够,具体到某一工程项目,有些条款应进一步明确,有些条款还必须考虑工程的具体特点和所在地区情况予以必要的变动。FIDIC 专用合同条件就可实现这一目的,第一部分的通用条件和第二部分的专用条件,构成了决定一个具体工程项目各方的权利和义务的内容。

专用条件的编制原则是:根据具体工程的特点,针对通用条件中的不同条款进行选择、补充或修正,使由这两部分相同序号组成的条款内容更为完备。因此,第二部分专用条件并不像第一部分通用条件那样,条款序号依次排列,以及每一序号下都有具体的条款内容,而是视第一部分条款内容是否需要修改、取代或补充,决定相应序号的专用条件是否需要修改、取代或补充,从而决定相应序号的专用条款是否存在。

4. FIDIC 合同条件下的建设项目工作程序

在 FIDIC 合同条件下,建设项目的工作大致按以下程序进行:

① 进行项目立项,筹措资金。

② 通过工程监理招标选择工程师,签订工程监理委托合同。

③ 通过竞争性勘察设计招标确定或直接委托勘察设计单位对工程项目进行勘察设计,也可委任工程师对此进行监理。

④ 通过竞争性招标,确定承包商。

⑤ 业主与承包商签订施工承包合同,作为 FIDIC 合同文件的组成部分。

⑥ 承包商按合同的要求提供履约担保、预付款保函,办理保险等事项,并获得业主的批准。

⑦ 业主支付预付款。在国际工程中,一般情况下,业主在合同签订后、施工前支付给承包商一定数额的资金(无息),以供承包商进行施工人员的组织、材料设备的购置及进入现场、完成临时工程等准备工作,这笔资金称预付款。预付款的有关事项,如数量、支付时间和方式、支付条件、扣还方式等,应在专用合同条件或投标书附件中

明确。预付款一般为合同价款的 10％～15％。

⑧ 承包商提交工程师所需的施工组织设计、施工技术方案、施工进度计划和现金流量估算。

⑨ 准备工作就绪后，由工程师下达开工令，业主同时移交工地占有权。

⑩ 承包商根据合同的要求进行施工，而工程师则进行日常的监理工作。这一阶段是承包商与工程师的主要工作阶段，也是 FIDIC 合同条件要规范的主要内容。

⑪ 根据承包商的申请，工程师进行竣工检验。若工程合格，颁发接收证书，业主归还部分保留金。

⑫ 承包商提交竣工报表，工程师签发支付证书。

⑬ 在缺陷通知期内，承包商应完成剩余工作并修补工程缺陷。

⑭ 缺陷通知期满后，经工程师检验，证明承包商已根据合同履行了施工、竣工以及修补所有的工程缺陷的义务，工程质量达到了工程师满意的程度，则由工程师颁发履约证书，业主应归还履约保证金及剩余保留金。

⑮ 承包商提交最终报表，工程师签发最终支付证书，业主与承包商结清余款。随后，业主与承包商的权利、义务关系即告终结。

5. FIDIC 合同条件下合同文件的组成及优先次序

在 FIDIC 合同条件下，合同文件除合同条件外，还包括其他对业主、承包商都有约束力的文件，如中标函、投标书、各种规范、施工图纸和标准图集、资料表和构成合同组成部分的其他文件。构成合同的这些文件应该是互相补充、互相说明的，但是这些文件有时会产生冲突或含义不清。此时，由工程师进行解释，其解释应根据合同文件的内容按以下顺序进行：合同协议书；中标函；投标书；专用合同条件；通用合同条件；各种规范；施工图纸及标准图集；资料表和构成合同组成部分的其他文件。

（1）合同协议书

合同协议书有业主和承包商的签字，有对合同文件组成的约定，是使合同文件对业主和承包商产生约束力的法律形式和手续。

（2）中标函

中标函是由业主签署的正式接受投标函的文件，即业主向中标的承包商发出的中标通知书。它的内容很简单，除明确中标的承包商外，还明确项目名称、中标标价、工期、质量等事项。

（3）投标书

投标书是由承包商填写的提交给业主的对其具有法律约束力的文件。其主要内容是工程报价，同时保证按合同条件、规范、图纸、工程量表、其他资料表、所附的附录及补充文件的要求，实施完成招标工程并修补其任何缺陷；保证中标后，在规定的开工日期开工，并在规定的竣工日期内完成合同中规定的全部工作。

（4）专用合同条件

这部分的效力高于通用合同条件。

（5）通用合同条件

这部分内容若与专用合同条件冲突，应以专用合同条件为准。

（6）规　范

规范包括强制性标准和一般性规范，内容为对工程范围、特征、功能和质量的要求及对施工方法、技术要求的说明，以及对承包商提供的材料的质量和工艺标准、样品和试验、施工顺序和时间安排等做出的明确规定。一般技术规范还包括计量、支付方法的规定。

规范是招标文件中的重要组成部分。编写规范时可引用某一通用外国规范，但一定要结合本工程的具体环境和要求来选用，同时还包括按照合同根据具体工程的要求对选用规范的补充和修改内容。

（7）图　纸

图纸是指合同中规定的工程图纸、标准图集，也包括在工程实施过程中对图纸进行的修改和补充。这些修改补充的图纸均须经工程师签字后正式下达，才能作为施工及结算的依据。另外，招标时提供的地质钻孔柱状图、探坑展示图等地质、水文图纸也是投标人的参考资料。

（8）资料表

资料表包括工程量表、数据、表册、费率或价格表等。标价的工程量表是由招标人和投标人共同完成的。作为招标文件的工程量表中有工程的每一类目或分项工程的名称、估计数量以及计量单位，但需留出单价和合价的空格，这些空格由投标人填写。投标人填入单价和合价后的工程量表称为"标价的工程量表"，是投标文件的重要组成部分。

5.5.2　FIDIC 土木工程施工合同条件

1. 合同履行中涉及的几个时间概念

（1）合同工期

合同工期是所签合同内注明的完成全部工程或分部移交工程的时间，加上合同履行过程中因非承包商应负责原因导致变更和索赔事件发生后，经工程师批准顺延工期之和。合同内约定的工期指承包商在投标书附录中承诺的竣工时间。合同工期的日历天数作为衡量承包商是否按合同约定期限履行施工义务的标准。

（2）施工期

从工程师按合同约定发布的"开工令"中指明的应开工之日起，至工程移交证书注明的竣工日止的日历天数为承包商的施工期。将施工期与合同工期进行比较，判定承包商的施工是提前竣工，还是延误竣工。

（3）缺陷责任期

缺陷责任期，即国内施工合同文本所指的工程保修期，是自工程移交证书中写明的竣工日开始,至工程师颁发解除缺陷责任证书为止的日历天数。尽管工程移交前进行了竣工检验,但工程移交证书只是证明承包商的施工工艺达到了合同规定的标准,设置缺陷责任期的目的是考验工程在动态运行条件下是否达到了合同中技术规范的要求。因此,从开工之日起至颁发解除缺陷责任证书日止,承包商要对工程的施工质量负责。合同工程的缺陷责任期及分阶段移交工程的缺陷责任期,应在专用条件内具体约定。次要部位工程的缺陷责任期通常为半年;主要工程及设备的缺陷责任期大多为一年;个别重要设备的缺陷责任期也可以约定为一年半。

(4) 合同有效期

合同有效期自合同签字日至承包商提交给业主的"结清单"生效日止,施工承包合同对业主和承包商均具有法律约束力。颁发履约证书只是表示承包商的施工义务终止,合同约定的权利义务并未完全结束,还剩有管理和结算等手续。结算单生效指业主已按工程师签发的最终支付证书中的金额付款,并退还承包商的履约保函。结清单一经生效,承包商在合同内拥有的索赔权利自行终止。

2. 合同价格

合同条件的通用条件中规定:"合同价格指中标通知书中写明的,按照合同规定为了工程的实施、完成及其任何缺陷的修补应付给承包商的金额。"但应注意,中标通知书中写明的合同价格仅指业主接受承包商投标书中为完成全部招标范围内工程报价的金额,不能简单地理解为承包商完成施工任务后应得到的结算款额。因为合同条件内很多条款都规定,工程师根据现场情况发布非承包商应负责原因的变更指令后,如果导致承包商施工中发生额外费用所应给予的补偿,以及批准承包商索赔给予补偿的费用,都应增加到合同价格上去。所以,签约原定的合同价格在实施过程中会有所变化。大多数情况下,承包商完成合同规定的施工义务后,累计获得的工程款也不等于原定合同价格与批准的变更和索赔补偿款之和,可能比其多,也可能比其少。究其原因,涉及以下几方面因素。

(1) 合同类型的特点

《土木工程施工合同条件》适用于大型复杂工程采用单价合同的承包方式。为了缩短建设周期,通常在初步设计完成后就开始施工招标,在不影响施工进度的前提下陆续发放施工图。因此,承包商据以报价的工程量清单中,各项工作内容项下的工程量一般为概算工程量。合同履行过程中,承包商实际完成的工程量可能多于或少于清单中的估计量。单价合同的支付原则是,按承包商实际完成工程量乘以清单中相应工作内容的单价,结算该部分工作的工程款。

(2) 可调价合同

大型复杂工程的施工期较长,通用条件中包括合同工期内因物价变化对施工成本产生影响后计算调价费用的条款,每次支付工程进度款时均要考虑约定可调价范围内项目当地市场价格的涨落变化。而这笔调价款没有包含在中标价格内,仅在合

同条款中约定了调价原则和调价费用的计算方法。

（3）发生应由业主承担的事件

合同履行过程中，可能因业主的行为或其他应承担风险责任的事件发生后，导致承包商施工成本增加，合同相应条款都规定了应对承包商受到的实际损害给予补偿。

（4）承包商的质量责任

合同履行过程中，如果承包商没有完全或正确地履行合同义务，业主可凭工程师出具的证明，从承包商应得的工程款内扣减该部分给业主带来损失的款额。合同条件内明确规定了以下情况：

① 不合格材料和工程的重复检验费用由承包商承担。工程师对承包商采购的材料和施工的工程通过检验后发现质量未达到规定的标准，承包商应自费改正并在相同条件下进行重复检验，重复检验所发生的额外费用由承包商承担。

② 承包商没有改正忽视质量的错误行为。当承包商不能在工程师限定的时间内将不合格的材料或设备移出施工现场，以及在限定时间内没有或无力修复缺陷工程时，业主可以雇佣其他人来完成，该项费用应从承包商处扣回。

③ 折价接收部分有缺陷工程。某项处于非关键部位的工程施工质量未达到合同规定的标准，如果业主和工程师经过适当考虑后，确信该部分的质量缺陷不会影响总体工程的运行安全，为了保证工程按期发挥效益，可以与承包商协商后折价接收。

（5）承包商延误工期或提前竣工

① 因承包商责任的延误竣工。签订合同时双方需约定日拖期赔偿额和最高赔偿限额。如果因承包商的原因使竣工时间迟于合同工期，将按日拖期赔偿额乘以延误天数计算拖期违约赔偿金，但以约定的最高赔偿限额为赔偿业主延迟发挥工程效益的最高款额。如果合同内规定有分阶段移交的工程，在整个合同工程竣工日期以前，工程师已对部分阶段移交的工程颁发了工程移交证书，且证书中注明的该部分工程竣工日期未超过约定的分阶段竣工时间，则全部工程剩余部分的日拖期违约赔偿额应相应折减。折减的原则是，将拖延竣工部分的合同金额除以整个合同工程的总金额所得比例乘以日拖期赔偿额，但不影响约定的最高赔偿限额。

② 提前竣工。承包商通过自己的努力使工程提前竣工是否应得到奖励，在土木工程施工合同条件中列入可选择条款一类。业主要看提前竣工的工程或区段是否能让其得到提前使用的收益，从而决定该条款的取舍。如果招标工作内容仅为整体工程中的部分工程且这部分工程的提前不能单独发挥效益，则没有必要鼓励承包商提前竣工，可以不设奖励条款。若选用奖励条款，则需要在专用条件中具体约定奖金的计算办法。FIDIC编制的《土木工程施工合同条件应用指南》中说明，当合同内约定有部分区段工程的竣工时间和奖励办法时，为了使业主能够在完成全部工程之前占有并启用工程的某些区段使其提前发挥效益，约定的分项工程完工日期应固定不变。也就是说，如果不是因为该部分工程施工过程中出现非承包商应负责原因所致的工程师批准的顺延合同工期，可对计算奖励的应竣工时间予以调整（除非合同中另有

规定）。

（6）包含在合同价格之内的暂列金额

某些项目的工程量清单中包括"暂列金额"款项，尽管这笔款额计入在合同价格内，但其使用却归工程师控制。暂列金额实际上是一笔业主方的备用金，工程师有权依据工程进展的实际需要，在经业主同意后，用于施工或提供物资、设备以及技术服务等内容的开支，也可以作为意外用途的开支。此笔金额工程师有权全部使用、部分使用或完全不用。

工程师可以发布指示，要求承包商或其他人完成暂列金额项内开支的工作。因此，只有当承包商按工程师的指示完成暂列金额项内开支的工作任务后，才能从其中获得相应的支付。由于暂列金额是用于招标文件规定承包商必须完成的承包工作之外的费用，承包商在报价时未将承包范围内发生的间接费、利润、税金等摊入其中，所以就算承包商未获得暂列金额的支付也并不损害其利益。

练习题

一、问答题

1. 建设工程施工合同文件的组成及解释顺序是什么？
2. 哪些情况下可以给承包方合理地顺延工期？
3. 如何进行隐蔽工程的检验与验收？
4. 三种类型的合同分别适用于什么情况？

二、案例分析题

【案例】 某公司建一幢大楼急需钢材，遂向本省的甲、乙、丙钢材厂发出传真，称"我公司急需标号为 01 型号的钢材 200 吨，如贵厂有货，请速来传真，我公司愿派人前往购买"。三家钢材厂在收到传真后，都先后向其回复了传真，在传真中告知备有现货，且告知了钢材的价格。而甲钢材厂在发出传真的同时，便派车给某公司送去了100 吨钢材。在该批钢材送达之前，某公司得知丙钢材厂生产的钢材质量较好，且价格合理，因此，向丙钢材厂发去传真，称"我公司愿购买贵厂 200 吨 01 号钢材，盼速送货，运费由我公司负担"。在发出传真后第二天上午，丙钢材厂发函称已准备发货。下午，甲钢材厂将 100 吨钢材送达某公司，被告知，他们已决定购买丙钢材厂的钢材，因此不能接受其送来的钢材。双方因协商不成，甲遂向法院提出诉讼。

请结合上述案例回答下列问题：

1. 要约和要约邀请的区别是什么？
2. 本案件中甲钢材厂能否胜诉，为什么？

第**6**章

建设工程施工合同管理

【技能目标】

掌握建设工程施工合同履行的工作内容包括施工合同分析、施工合同实施控制和施工合同变更管理等，能够对建设工程施工合同条款进行分析，具备根据实际工程资料处理合同履行问题的能力和解决合同争议的能力。

【任务项目引入】

某发包人与承包人依据《建设工程施工合同（示范文本）》（GF-2017-0201）签订了施工合同。在合同履行过程中，主体结构工程发生了多次设计变更，承包人在编制的竣工结算书中提出由于设计变更增加的合同价款共计 70 万元，但发包人不同意该设计变更增加费。请分析发包人不同意该设计变更增加费是否合理，并说明理由。

【任务项目实施分析】

建设工程施工合同签订后即具有法律约束力，合同双方当事人均应严格按照合同规定履行自己的义务，才能实现自己的权利。施工合同履行的过程即是完成整个合同中规定任务的过程，也即从工程准备、施工、竣工、试运行直至维修期结束的全过程。通过对任务项目合同变更的责任归属进行分析，对建设工程施工合同履行及管理应有一个初步的了解。

6.1 施工合同分析

6.1.1 施工合同分析概述

1. 合同分析的定义

合同分析是从合同执行的角度去分析、补充和解释合同的具体内容和要求，将合同目标和合同规定落实到合同实施的具体问题和具体时间上，用以指导具体工作，使合同能符合日常工程管理的需要,使工程按合同要求实施,为合同执行和控制确定依据。

对于施工单位而言,合同分析十分重要。合同分析不同于招标投标过程中对招标文件的分析,其目的和侧重点都不同。分析招标文件主要是了解业务的意图与实质性要求,以便做到有的放矢地制定投标文件,分析的目的是要尽可能地响应招标文件并中标。分析合同则是为了更好地履行自身的义务并同时保障自身的权益,实现合同的控制目标。合同分析往往由企业的合同管理部门或项目中的合同管理人员负责。

2. 合同分析的必要性及目的和作用

(1) 合同分析的必要性

由于以下诸多因素的存在,承包人在签订合同后、履行和实施合同前有必要进行合同分析:

① 许多合同条文采用法律用语,往往不够直观明了,不容易理解,通过补充和解释,可以使之简单、明确、清晰;

② 同一个工程中的不同合同往往会形成一个复杂的体系,在一个大型工程中因各专业、总分包层次的原因,出现十几份、几十份甚至上百份合同是很正常的,这些合同之间有着十分复杂的权利义务关系;

③ 合同事件和工程活动的具体要求(如工期、质量、费用等)、合同各方的责任关系、事件和活动之间的逻辑关系等极为复杂,比如在施工中出现的共同延误问题,不但要先判断"初始延误"者,还得根据合同规定的责任条款具体情况具体分析,判断是否应由初始责任方承担责任;

④ 许多工程小组、项目管理职能人员所涉及的活动和问题都不是合同文件的全部,而仅为合同的部分内容,全面理解合同对合同的实施将会产生重大影响;

⑤ 在合同中依然存在问题和风险,包括合同审查时已经发现的风险和还可能隐藏着的尚未发现的风险;

⑥ 合同中的任务需要分解和落实;

⑦ 在合同实施过程中,合同双方会有许多争执,在分析时就可以预测、预防。

(2) 合同分析的目的和作用

合同分析的目的和作用体现在以下几个方面:

① 分析合同中的漏洞,解释有争议的内容。在合同起草和谈判过程中,双方都会力争完善,但难免会有所疏漏,通过合同分析,找出漏洞,可以作为履行合同的依据。在合同执行过程中,合同双方有时也会出现争议,往往是由于对合同条款的理解不一致所造成的,通过分析,就合同条文达成一致理解,从而解决争议。在遇到索赔事件后,合同分析也可以为索赔提供理由和根据。

② 分析合同风险,制定风险对策。不同的工程合同,其风险的来源和风险量的

大小都不同,要根据合同进行分析,并采取相应的对策。

③ 合同任务的分解和落实。在实际工程中,合同任务需要分解和落实到具体的工程小组或部门、人员身上,要将合同中的任务进行分解,将合同中与各部分任务相对应的具体要求明确,然后落实到具体的工程小组或部门、人员身上,以便于实施和检查。

3. 施工合同分析要求

(1) 准确性和客观性

合同分析的结果应能准确、全面地反映合同内容。如果分析中出现误差,必然导致合同在实施时出现更大的失误。所以不能透彻、准确地分析合同,就不能有效、全面地执行合同。许多工程失误和争执都起源于不能准确地理解合同。

(2) 简易性

合同分析结果必须采用不同层次的管理人员、工作人员都能够接受的表达方式,使用简单易懂的工程语言,如图、表等形式,为不同层次的管理人员提供不同要求、不同内容的合同分析资料。

(3) 协调一致性

合同双方及所有人员对合同的理解应一致。合同分析实质上是双方对合同的详细解释。由于在合同分析时要落实各方面的责任,因此双方在合同分析时应尽可能协调一致,分析结果能为双方认可,以减少合同争执。

(4) 全面性

合同分析应是全面的,能对全部的合同文件做出解释。对合同中的每一项条款、每一句话,甚至每个词都应认真推敲、细心琢磨。合同分析不能只观其大略,不能错过一些细节问题,这是一项非常细致的工作。在实际工作中,常常是一个词,甚至是一个标点,都会关系到争执的性质,关系到一项索赔的成败,甚至是关系到工程的盈亏。

6.1.2 施工合同的总体分析与结构分解

1. 施工合同的总体分析

合同协议书和合同条件是合同总体分析的主要对象。通过合同的总体分析,将合同条款规定落实到一些带全局性的具体问题上。

由于承包人在工程施工合同履行过程中处于不利的一方,因此这里所述的合同总体分析主要是针对承包人而言,其分析的重点包括:承包人的主要合同责任及权利、工程范围;业主(包括工程师)的主要合同责任和权利;合同价格、计价方法和价格补偿条件;工期要求和顺延条件;合同双方的违约责任;合同变更的方式、程序;工程验收方法;索赔规定及合同解除的条件和程序;争议的解决等。

需要指出的是,在分析中应对合同执行中的风险及应注意的问题做出特别的说明和提示。合同总体分析的结果是工程施工总的指导性文件,应将它以最简单的形式和最简洁的语言表达出来,以便进行合同的结构分解和合同交底。

2. 施工合同的结构分解

施工合同的结构分解是指按照系统规则和要求将合同对象分解成相互独立、相互影响、相互联系的单元。根据结构分解的一般规律和施工合同条件自身的特点,施工合同条件分解应遵守以下规则:

① 保证施工合同条件的系统性和完整性。施工合同条件分解和结果应包含所有的合同要素,这样才能保证在应用这些分解结果时,能等同于应用施工合同条件。

② 保证各分解单元间界限清晰、意义完整、内容大体上相当,这样才能保证应用分解结果明确、有序且各部分工作量相当。

③ 易于理解和接受,便于应用,即要充分尊重人们已经形成的概念和习惯,只在根本违背合同原则的情况下才作出更改。

④ 便于按照项目的组织分工落实合同工作和合同责任。

为此,结合国内及国际施工合同的结构,可将施工合同结构进行分解,如图 6 - 1 所示。

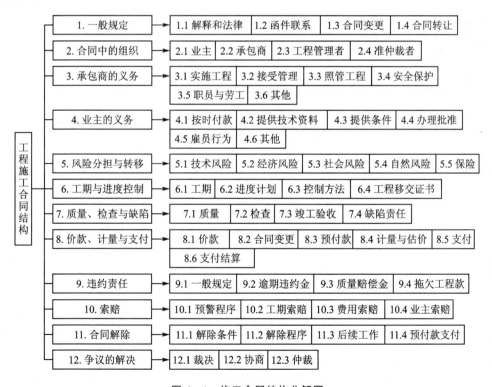

图 6 - 1　施工合同结构分解图

6.2 施工合同实施控制

6.2.1 施工合同实施控制的概念及地位

1. 施工合同实施控制的概念

要实现目标就必须对其实施有效控制,控制是项目管理的重要职能之一。所谓控制,就是行为主体为保证在变化的条件下实施其目标,按照事先拟订的计划和标准,通过各种方法,对被控制对象在实施中发生的各种实际值与计划值进行检查、对比、分析和纠正,以保证工程实施按预定的计划进行,顺利地实现预定的目标(见表6-1)。

合同控制指承包商的合同管理组织为保证合同所约定的各项义务的全面完成及各项权利的实现,以合同分析的成果为基础,对整个合同的实施过程进行全面监督、检查、对比和纠正的管理活动。

2. 施工合同实施控制的地位

工程施工合同定义了承包商项目管理的主要目标是进度目标、质量目标、成本目标、安全目标等。这些目标必须通过具体的工程活动来实现。由于在工程施工中各种因素的干扰,常常使工程实施过程偏离总目标。整个项目实施控制就是为了保证工程实施按计划进行,顺利地实现预定的目标。

表6-1 合同控制的目的、目标和依据

序 号	控制内容	控制目的	控制目标	控制依据
1	成本控制	保证按计划成本完成工程,防止成本超支和费用增加	计划成本	各分部分项工程、总工程的计划成本,人力、材料、资金计划,计划成本曲线
2	质量控制	保证按合同规定的质量完成工程,使工程顺利通过验收,交付使用,达到预定的功能要求	同规定的质量标准	工程说明、规范、图纸、工作量
3	进度控制	按约定的进度计划进行施工,按期交付工程,防止承担工期拖延责任	合同规定的工期	合同规定的总工期计划,业主或工程师批准的详细进度计划
4	合同控制	按合同全面完成承包商的责任,防止违约	合同规定的各项责任	合同范围内的各种文件,合同分析资料

对承包商而言,成本、质量、工期是传统意义上的三大控制目标,工程项目实施控制包括三大控制以及合同控制、安全控制和环保控制等。其中,合同控制是核心,它与项目其他控制的关系如下:

（1）其他控制由合同控制协调一致

承包商最根本的合同责任是达到上述三大目标,所以合同控制是其他控制的保证。通过合同控制可以使质量控制、进度控制和成本控制协调一致,形成一个有序的项目管理过程。

（2）合同控制与其他控制是包容与被包容的关系

承包商除了必须按合同规定的质量要求和进度计划完成工程的设计、施工和进度保修外,还必须对实施方案的安全、稳定负责,对工程现场的安全、清洁和工程保护负责,遵守法律,执行工程师的指令,对自己的工作人员和分包商承担责任,按合同规定及时地提供履约担保、购买保险等。同时,承包商有权获得合同规定的必要的工作条件,如场地、道路、图纸、指令;要求工程师公平、正确地解释合同;有及时如数获得工程付款的权利;有决定工程实施方案,并选择更为科学合理的实施方案的权利;对业主和工程师违约行为的索赔权利等。这一切都必须通过合同控制来实施和保障。

承包商的合同控制不仅包括与业主之间的工程承包合同,还包括与总合同相关的其他合同,如分包合同、供应合同、运输合同、租赁合同、担保合同等,以及包括总合同与各分合同之间、各分合同相互之间的协调控制。

（3）合同控制较其他控制更具动态性

合同控制的这种动态性表现在两个方面:一方面,合同实施受到外界干扰,常常偏离目标,要不断地进行调整;另一方面,合同目标本身不断改变,如在工程中不断出现合同变更,变更的原因是工程的质量、工期、合同价格发生变化,导致合同双方的责任和权益发生变化。这样,合同控制就必须是动态的,合同实施就必须随变化的情况和目标不断调整。

6.2.2　施工合同实施控制的方法

由于建设工程项目控制方式和方法的不同,施工合同实施控制的方法可分为两大类:主动控制与被动控制。

1. 主动控制

施工合同实施的主动控制是指预先分析目标偏离的可能性,并拟定和采取各项预防措施,以使计划目标得以实现。它是一种面对未来的控制,可以解决传统控制过程中存在的时滞影响,尽最大可能改变偏差已成为事实的被动局面,从而使控制更为有效。

为了正确分析和预测目标偏离的可能状况,采取有效的预防措施以防止目标偏离,在建设工程施工合同实施的主动控制过程中,往往采用以下办法:

① 详细调查并分析外部环境条件,以确定那些影响目标实现和计划运行的各种有利和不利因素,并将这些因素考虑到计划和其他管理职能中。

② 用科学的方法制订计划,做好计划可行性分析,清除那些造成资源不可行、技

术不可行、经济不可行和财务不可行的各种错误和缺陷,保障工程的实施能够有足够的时间、空间、人力、物力和财力,并在此基础上力求计划优化。

③ 高质量地做好组织工作,使组织与目标和计划高度一致,把目标控制的任务与管理职能落实到适当的机构和人员,做到职权与职责明确,使全体成员能够通力协作,为实现共同目标而努力。

④ 识别风险,努力将各种影响目标实现和计划执行的潜在因素揭示出来,为风险分析和管理提供依据,并在计划实施过程中做好风险管理工作。

⑤ 制定必要的应急备用方案,以应对可能出现的影响目标或计划实现的情况。一旦发生这些情况,则有应急措施做保障,从而减少偏离量,或避免发生偏离。

⑥ 计划应有适当的松弛度,即"计划应留有余地"。这样可以避免那些经常发生又不可避免发生的干扰对计划的影响,减小"例外"情况发生的概率,使管理人员处于主动地位。

⑦ 保持信息流通渠道畅通,加强信息收集、整理和研究工作,为预测工程未来发展提供全面、及时、可靠的信息。

2. 被动控制

施工合同实施的被动控制是指控制者从计划的实际输出中发现偏差,对偏差采取措施及时纠正的控制方式。被动控制的工作过程为:发现偏差、分析产生偏差的原因、研究确定纠偏方案、预计纠偏方案的成效、落实并实施方案、产生实际成效、收集实际实施情况、对实施的实际效果进行评价、将实际效果与预期效果相比较及找出偏差。被动控制实际上是在项目实施过程中及事后检查过程中发现问题并及时处理的一种控制,因此此种方式为一种积极的控制,并且是十分重要的控制方式。

建设工程施工合同实施被动控制的过程往往采用以下方法:

① 应用现代化方法、手段、仪器追踪、测试、检查项目实施过程的数据,发现异常情况时及时采取措施。

② 建立项目实施过程中人员控制组织,明确控制责任,发现异常情况时及时处理。

③ 建立有效的信息反馈系统,及时将偏离计划目标值向有关人员反馈,以使其及时采取措施。

6.2.3 施工合同实施偏差分析与纠正

在工程实施的过程中要对合同的履行情况进行跟踪与控制,并加强合同变更管理,保证合同的顺利履行。

1. 施工合同跟踪

合同签订以后,合同中各项任务的执行要落实到具体的项目经理部或具体的项目参与人员身上,承包单位作为履行合同义务的主体,必须对合同执行者(项目经理部或项目参与人)的履行情况进行跟踪、监督和控制,确保合同义务的完全履行。

施工合同跟踪有两个方面的含义:一是承包单位的合同管理职能部门对合同执行者(项目经理部或项目参与人)的履行情况进行的跟踪、监督和检查;二是合同执行者(项目经理部或项目参与人)本身对合同计划的执行情况进行的跟踪、检查与对比。在合同实施过程中二者缺一不可。

对合同执行者而言,应该掌握合同跟踪的以下几个方面:

(1) 合同跟踪的依据

合同跟踪的首要依据是合同以及依据合同而编制的各种计划文件;其次依据是各种实际工程文件,如原始记录、报表、验收报告等;另外,还要依据管理人员对现场情况的直观了解,如现场巡视、交谈、会议、质量检查等。

(2) 合同跟踪的对象

1)承包的任务:

工程施工的质量(包括材料、构件、制品和设备等的质量),以及施工或安装质量是否符合合同要求等;工程进度是否在预定期限内施工,工期有无延长,延长的原因是什么等;工程数量,是否按合同要求完成全部施工任务,有无合同规定以外的施工任务等;成本的增加和减少。

2)工程小组或分包人的工程和工作:

可以将工程施工任务分解交由不同的工程小组或发包给专业分包人完成,工程承包人必须对这些工程小组或分包人及其所负责的工程进行跟踪检查,协调关系,提出意见、建议或警告,以保证工程总体质量和进度。

对专业分包人的工作和负责的工程,总承包商负有协调和管理的责任,并承担由此造成的损失,所以专业分包人的工作和负责的工程必须纳入总承包工程的计划和控制中,防止因分包人工程管理失误而影响全局。

3)业主和其委托的工程师的工作:

业主是否及时、完整地提供了工程施工的实施条件,如场地、图纸、资料等;业主和工程师是否及时给予了指令、答复和确认等;业主是否及时并足额地支付了应付的工程款项。

2. 合同实施的偏差分析

通过合同跟踪可能会发现合同实施中存在着偏差,即工程实施实际情况偏离了工程计划和工程目标,应该及时分析原因,采取措施,纠正偏差,避免损失。

合同实施偏差分析的内容包括以下几个方面:

(1) 产生偏差的原因分析

通过对合同执行实际情况与实施计划的对比分析,不仅可以发现合同实施的偏差,而且可以探索引起差异的原因。原因分析可以采用鱼刺图、因果关系分析图(表),以及成本量差、价差、效率差分析等方法定性或定量地进行。

（2）合同实施偏差的责任分析

责任分析即分析产生合同偏差的原因是由谁引起的,应该由谁承担责任。责任分析必须以合同为依据,按合同规定落实双方的责任。

（3）合同实施趋势分析

针对合同实施偏差情况,可以采取不同的措施,分析在不同措施下合同执行的结果与趋势,包括:

① 最终的工程状况,包括总工期的延误、总成本的超支、质量标准、所能达到的生产能力（或功能要求）等;

② 承包商将承担什么样的后果,如被罚款、被清算,甚至被起诉,对承包商资信、企业形象、经营战略的影响等;

③ 最终工程经济效益（利润）水平。

3. 合同实施偏差的处理

根据合同实施偏差分析的结果,承包商应该采取相应的调整措施,调整措施可以分为:

① 组织措施。分析由于组织的原因而影响项目目标实现的问题,并采取相应的措施,如调整项目组织结构、任务分工、管理职能分工、工作流程和项目管理班子人员等。

② 技术措施。分析由于技术（包括设计和施工技术）的原因而影响项目目标实现的问题,并采取相应的措施,如调整设计、改进施工方法和改变施工机具等。

③ 经济措施。分析由于经济的原因而影响项目目标实现的问题,并采取相应的措施,如落实加快工程施工进度所需的资金等。

④ 管理措施（包括合同措施）。分析由于管理的原因而影响项目目标实现的问题,并采取相应的措施,如调整进度管理的方法和手段,改变施工管理和强化合同管理等。

当项目目标失控时,人们往往首先思考的是采取什么技术措施,而忽略可能或应当采取的组织措施和管理措施。组织论的一个重要的结论是:组织是目标能否实现的决定性因素。应充分重视组织措施对项目目标控制的作用。项目目标动态控制的纠偏措施如图6-2所示。

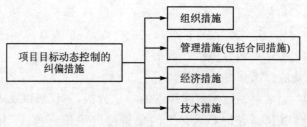

图 6-2　动态控制的纠偏措施

6.3　施工合同履行的相关工作

6.3.1　不可抗力

1. 不可抗力的含义

不可抗力指合同当事人不能预见、不能避免且不能克服的客观情况。建设工程施工中的不可抗力包括因战争、动乱、空中飞行物体坠落或其他非发包人、承包人责任造成的爆炸、火灾,以及专用条款约定的风、雨、雪、地震、洪水等对工程造成损害的自然灾害。

在合同订立时应当明确不可抗力的范围。在专用条款中双方应当根据工程所在地的地理气候情况和工程项目的特点,对造成工期延误和工程灾害的不可抗力事件认定标准作出规定,可采用以下形式:n 级以上的地震;n 级以上持续 z 天的大风;p 毫米以上持续 m 天的大雨;a 年以上未发生过,持续 b 天的高温天气;c 年以上未发生过,持续 d 天的严寒天气。

2. 不可抗力发生后应做的工作

在施工合同的履行中,应当加强管理,在可能的范围内减小因不可抗力事件的发生而导致的损失。不可抗力事件发生后,承包人应立即通知工程师,并在力所能及的条件下迅速采取措施,此时,发包人应协助承包人采取措施。工程师认为应当暂停施工的,承包人应暂停施工。不可抗力事件结束后 48 小时内承包人应向工程师通报受害情况和损失情况,预估清理和修复的费用。不可抗力事件持续发生时,承包人应每隔 7 天向工程师报告一次受害情况。不可抗力事件结束后 14 天内,承包人应向工程师提交清理和修复费用的正式报告及有关资料。

3. 不可抗力的后果承担

因不可抗力事件导致的费用及延误的工期由双方按以下方法分别承担:

① 工程本身的损害、因工程损害导致第三者人员伤亡和财产损失,以及运至施工场地用于施工的材料和待安装设备的损害,由发包人承担。

② 发包人、承包人人员伤亡由其所在单位负责,并承担相应费用。

③ 承包人机械设备损坏及停工损失,由承包人承担。

④ 停工期间,承包人应工程师要求留在施工场地的必要的管理人员及保卫人员的费用由发包人承担。

⑤ 工程所需的清理、修复费用,由发包人承担。

不可抗力案例

⑥ 延误的工期相应顺延。

因合同一方迟延履行合同后发生不可抗力的,不能免除迟延履行方的相应责任。

6.3.2 合同变更

1. 合同变更的概念

合同变更是指依法对原来的合同进行修改和补充,即在履行合同项目的过程中,由于实施条件或相关因素的变化而不得不对原合同的某些条款做出修改、订正、删除或补充。合同变更一经成立,原合同中的相应条款就应解除。

2. 合同变更的起因及影响

合同内容频繁变更是工程合同的特点之一。一个工程,合同变更的次数、范围和影响的大小与该工程招标文件(特别是合同条件)的完备性、技术设计的正确性,以及实施方案和实施计划的科学性直接相关。合同变更一般主要有以下几个方面的原因:

① 发包商有新的意图、发包商修改项目总计划、削减预算、发包商要求变化。

② 由于设计人员、工程师、承包商事先没能很好地理解发包商的意图,或设计错误而导致的图纸修改。

③ 由于工程环境的变化,预定的工程条件不准确,而必须改变原设计、实施方案或实施计划,或由于发包商的指令及发包商的责任原因造成承包商施工方案的变更。

④ 由于产生新的技术和知识,有必要改变原设计、实施方案或实施计划。

⑤ 政府部门对工程有新的要求,如国家计划变化、环境保护要求、城市规划变动等。

⑥ 由于合同实施出现问题,必须调整合同目标或修改合同条款。

⑦ 合同双方当事人由于倒闭或其他原因转让合同,造成合同当事人的变化。通常这种情形是比较少见的。

合同的变更通常不能免除或改变承包商的合同责任,但对合同的实施影响很大,主要表现在以下几个方面:

① 导致设计图纸、成本计划和支付计划、工期计划、施工方案、技术说明和适用规范等定义工程目标和工程实施情况的各种文件做相应的修改和变更。当然,相关的其他计划也应做相应调整,如材料采购计划、劳动力安排、机械使用计划等。合同变更不仅会引起与承包合同平行的其他合同的变化,而且还会引起所属的各个分合同,如供应合同、租赁合同、分包合同的变更。有些重大的变更会打乱整个施工部署。

② 引起合同双方、承包商的工程小组之间、总承包商和分包商之间合同责任的变化。如工程量增加,承包商的工程责任也会随之增加,常见的如费用开支增多、工期延长。

③ 有些工程变更还会引起已完工程的返工、现场工程施工的停滞、施工秩序打乱及已购材料的损失等。

3. 合同变更的范围

合同变更的范围很广,一般在合同签订后所有工程范围、工程进度、工程质量要求、合同条款内容及合同双方责、权、利关系的变化等都可以被视为合同变更。最常见的变更有以下两种:

① 涉及合同条款的变更,如合同条件和合同协议书所定义的双方责、权、利关系或一些重大问题的变更。这是狭义的合同变更,以前人们定义的合同变更即为这一类。

② 工程变更,即工程的质量、数量、性质、功能、施工次序和实施方案的变化。

4. 合同变更的程序

合同变更的程序为:提出、批准、指令的发出及执行(如图 6-3 所示)。

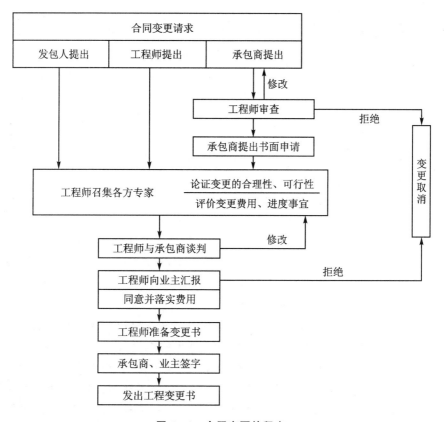

图 6-3　合同变更的程序

(1) 合同变更的提出

合同变更的提出主要有以下几种:

① 承包商提出合同变更。承包商在提出合同变更时,一种情况是工程遇到无法预见的地质条件或地下障碍,如原设计的某大厦基础为钻孔灌注桩,承包商根据开工后钻探的地质条件和施工经验认为改成沉井基础较好。另一种情况是承包商为了节

约工程成本或加快工程施工进度提出合同变更。

② 发包人提出合同变更。发包人一般可通过工程师提出合同变更。但如发包方提出的合同变更内容超出合同限定的范围,则属于新增工程,只能另签合同,除非承包方同意作为变更处理。

③ 工程师提出合同变更。工程师往往是根据工地现场工程进展的具体情况,认为确有必要时,可提出合同变更。工程承包合同施工中,因设计考虑不周,或施工时环境发生变化,工程师本着节约工程成本和加快工程进度与保证工程质量的原则,提出合同变更。只要提出的合同变更在原合同规定的范围内,一般是切实可行的。若超出原合同,新增了很多工程内容和项目,则属于不合理的合同变更请求,工程师应和承包商协商后酌情处理。

(2) 合同变更的批准

由承包商提出的合同变更,应交与工程师审查并批准。由发包人提出的合同变更,为便于工程的统一管理,一般由工程师代为发出。

工程师发出合同变更通知的权利,一般在工程施工合同中明确约定。当然该权利也可约定为发包人所有,然后发包人通过书面授权的方式使工程师拥有该权利。如果合同对工程师提出合同变更的权利做了具体限制,而约定其余均应由发包人批准,则工程师就超出其权限范围的合同变更发出指令时,应附上发包人的书面批准文件,否则承包商可拒绝执行。但在紧急情况下,不应限制工程师向承包商发布他认为必要的变更指示。

(3) 合同变更指令的发出及执行

为了避免耽误工作,工程师在和承包商就变更价格达成一致意见之前,有必要先行发布变更指示,即分两个阶段发布变更指示:第一个阶段是在没有规定价格和费率的情况下直接指示承包商继续工作;第二个阶段是在通过进一步的协商之后,发布确定变更工程费率和价格的指示。

合同变更指示的发出有以下两种形式:

① 书面形式。一般情况下要求工程师签发书面变更通知令。当工程师书面通知承包商要进行工程变更时,承包商才能执行变更的工程。

② 口头形式。当工程师发出口头指令要求合同变更时,应要求工程师事后补签一份书面的合同变更指示。如果工程师口头指示后忘了补书面指示,承包商须以书面形式证实此项指示(须7天内),并交予工程师签字,工程师若在14天之内没有提出反对意见,应视为认可。

所有合同变更必须以书面形式或一定规格写明。对于要取消的任何一项分部工程,合同变更应在该部分工程还未施工之前进行,以免造成人力、物力、财力的浪费,避免造成发包人多支付工程款项。

根据通常的工程惯例,除非工程师明显超越了合同赋予其的权限,否则承包商应该无条件地执行其合同变更的指示。如果工程师根据合同约定发出了进行合同变更的书面指令,则不论承包商对此是否有异议,不论合同变更的价款是否已经确定,也不论监理方或发包人答应给予付款的金额是否令承包商满意,承包商都必须无条件地执行此项指令。即使承包商有意见,也只能是一边进行变更工作,一边根据合同规定寻求索赔或仲裁解决。在争议处理期间,承包商有义务继续进行正常的工程施工和有争议的变更工程施工,否则承包商可能会构成违约。

6.3.3 价格调整

1. 调价款

(1) 调价的因素
可调价格合同中合同价款的调整因素包括以下几个方面:
① 法律、行政法规和国家有关政策变化影响合同价款;
② 工程造价管理部门公布的价格调整;
③ 一周内非承包商原因停水、停电、停气造成停工累计超过 8 小时;
④ 双方在合同中约定的其他因素。

(2) 调价的程序
承包商应当在上述价款调整因素的情况发生后 14 天内,将调整原因、金额以书面形式通知监理人。监理人经发包人确认调整金额后,将其作为追加合同价款,与工程款同期支付。发包人收到承包商通知后 14 天内不予确认也不提出修改意见的,视为已经同意该调整。

我国施工合同对于调价款的处理,要求当事人双方在专用合同条款中约定。在FIDIC 施工合同条件中,如果合同中约定有价格调整的内容,则要在投标书附录中填写一张“调整数据表”,并按合同中规定的公式计算调整值。虽然我国施工合同中没有规定调整价格的计算公式,但 FIDIC 中的相关公式也可以借鉴使用。

2. 变更价款

(1) 变更价款的确定程序
设计变更发生后,承包商在工程变更确定后 14 天内,向工程师提出变更工程价款的申请,工程师应在收到承包人提交的变更估价申请后 7 天内审查完毕,并报发包人;若工程师对变更估价申请有异议,应通知承包人修改后重新提交。承包商在双方确定变更后 14 天内不向工程师提出变更工程价款报告的,视为该项变更不涉及合同价款的变更。

工程师应在收到变更工程价款报告之日起 14 天内予以确认,工程师无正当理由不确认的,自变更工程价款报告送达之日起 14 天后视为变更工程价款报告已被确认。

工程师不同意承包商提出的变更价格,按照合同约定的争议解决方式进行处理。

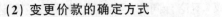

(2) 变更价款的确定方式

变更合同价款按下列方式进行确定：

① 合同中已有适用于变更工程的价格，按合同已有的价格计算、变更合同价款。

② 合同中只有类似于变更工程的价格，可以参照此价格变更合同价款。

③ 合同中没有适用或类似于变更工程的价格，由承包商提出适当的变更价格，经工程师确认后执行。

6.3.4 违约责任

1. 发包人承担违约责任的方式

发包人承担违约责任的方式有以下四种：

① 赔偿因其违约给承包人造成的经济损失。赔偿损失是发包人承担违约责任的主要方式，其目的是补偿因违约给承包人造成的经济损失。承、发包人双方应当在专用条款内约定发包人赔偿承包人损失的计算方法。损失赔偿额应相当于因违约所造成的损失，包括合同履行后可以获得的利益，但不得超过发包人在订立合同时预见或者应当预见到的因违约可能造成的损失。

② 支付违约金。支付违约金的目的是补偿承包人的损失，双方在专用条款中约定发包人应当支付违约金的数额或计算方法。

③ 顺延。对于因为发包人违约而延误的工期，应当相应顺延。

④ 继续履行。发包人违约后，承包人要求发包人继续履行合同的，发包人应当在承担上述违约责任后继续履行施工合同。

2. 承包人承担违约责任的方式

承包人承担违约责任的方式有以下几种：

(1) 违约金

违约金是指按照当事人的约定或者法律直接规定，一方当事人违约的，应向另一方支付的金钱。违约金的标的物是金钱，也可约定为其他财产。

① 当事人可以约定一方违约时应当根据违约情况向对方支付一定数额的违约金，也可以约定因违约产生的损失赔偿额的计算方法。在合同实施中，只要一方有不履行合同的行为，就得按合同规定向另一方支付违约金，而不管违约行为是否造成对方损失。以此为手段对违约方进行经济制裁，对企图违约者起警戒作用。违约金的数额应在合同中用专用条款详细约定。

② 违约金同时具有补偿性和惩罚性。《合同法》规定："约定的违约金低于违反合同所造成的损失的，当事人可以请求人民法院或者仲裁机构予以增加；若约定的违约金过分高于所造成的损失的，当事人可以请求人民法院或者仲裁机构予以减少。"此条款保护了受损害方的利益，体现了违约金的惩罚性，有利于制约违约者，同时体现了公平原则。

（2）定 金

定金是在合同订立或在履行之前支付的一定数额的金钱作为担保的担保方式，又称保证金。给付定金的一方称为定金给付方，接受定金的一方称为定金接受方。定金的数额原则上是由当事人约定的，但《担保法》对其最高限额又做了限定，即不能超过主合同标的额的 20%。

《合同法》第一百一十五条规定："当事人可以依照《担保法》约定一方向对方给付定金作为债权的担保。债务人履行债务后，定金应当抵作价款或者收回。给付定金的一方不履行约定的债务的，无权要求返还定金；收受定金的一方不履行约定的债务的，应当双倍返还定金。在未约定违约金的情况下，适用本条规定。"

定金具有双重担保性，即同时担保合同双方当事人的债权。也就是说，交付定金的一方不履行债务的，丧失定金；而收受定金的一方不履行债务的，则应双倍返还定金。当事人一方不完全履行合同的，应按照未履行部分所占合同约定内容的比例，适用定金罚则。

根据《建设工程施工合同示范文本》2.6 款规定：发包人要求承包人提供履约担保的，发包人应当向承包人提供支付担保。支付担保可以采用银行保证或担保公司担保等形式，具体由合同当事人在专用合同条款中约定。

履约保证金与定金的区别

（3）赔偿损失

赔偿损失是指合同当事人就其违约而给对方造成的损失给予补偿的一种方法。《合同法》规定："当事人一方不履行合同义务或者履行合同义务不符合约定的，在履行义务或者采取措施后，对方还有其他损失的应当赔偿损失。"

① 赔偿损失的构成：

赔偿损失包括违约的赔偿损失、侵权的赔偿损失及其他的赔偿损失。承担赔偿损失责任由以下要件构成：

a. 有违约行为，当事人不履行合同或者不适当履行合同的；

b. 有损失后果，违约责任行为给另一方当事人造成了财产等损失的；

c. 违约行为与财产等损失之间有因果关系的；

d. 违约人有过错，或者虽无过错，但法律规定应当赔偿的。

② 赔偿损失的范围：

赔偿损失的范围可由法律直接规定，或由双方约定。在法律没有特别规定和当事人没有另行约定的情况下，应按完全赔偿原则赔偿全部损失，包括直接损失和间接损失。

赔偿损失不得超过违反合同一方订立合同时预见到或者应当预见到的因违反合同可能造成的损失。

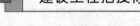

③ 赔偿损失的方式：

一是恢复原状；二是金钱赔偿；三是代物赔偿。恢复原状指恢复到损害发生前的原状。代物赔偿指以其他财产替代赔偿。

（4）继续履行

继续履行要求违约人按照合同的约定，切实履行所承担的合同义务。具体来讲包括两种情况：一是债权人要求债务人按合同的约定履行合同；二是债权人向法院提出起诉，由法院判决强迫违约一方具体履行其合同义务。当事人若违反金钱债务，一般不能免除其继续履行的义务。《合同法》规定，当事人一方未支付价款或者报酬的，对方可以要求其支付价款或者履行报酬。当事人违反非金钱债务的，除法律规定不适用继续履行的情形外，当不能免除其继续履行的义务。当事人一方不履行非金钱债务或者履行非金钱债务不符合规定的，对方可以要求履行。但有下列规定之一的情形除外：

① 法律上或者事实上不能履行的；

② 债务的标的不适合强制履行或者履行费用过高的；

③ 债权人在合同期限内未要求履行的。

（5）采取补救措施

采取补救措施是在当事人违反合同后，为防止损失发生或者扩大，由其依照法律或者合同约定而采取的修理、更换、退货、减少价款或者报酬等措施。采用这一违约责任的方式，主要在发生质量不符合约定时。《合同法》规定，质量不符合约定的，应当按照当事人的约定承担违约责任。对违约责任没有约定或者约定不明确的，依照《合同法》的规定处理。仍不能确定的，受损害方根据标的的性质以及损失的大小，可以合理地选择要求对方承担修理、更换、退货、减少价款或报酬等违约责任。

（6）违约责任的免除

合同生效后，当事人不履行合同或者履行合同不符合合同约定的，都应承担违约责任。但如果是由于发生了某种特殊情况或者意外事件，使合同不能按约定履行的，就应当作为例外来处理。《合同法》规定，只有发生不可抗力才能部分或者全部免除当事人的违约责任。

不可抗力事件发生后可能引起三种法律后果：

① 合同全部不能履行，当事人可以解除合同，并免除全部责任；

② 合同部分不能履行，当事人可以部分履行合同，并免除其不履行部分的责任；

③ 合同不能按期履行，当事人可延期履行合同，并免除其迟延履行的责任。

《合同法》规定，一方当事人因不可抗力不能履行合同义务时，应承担以下义务：及时采取一切可能采取的有效措施避免或者减少损失，及时通知对方，在合理期限内提供证明。

值得注意的是，不可抗力事件往往影响到工程的工期索赔和费用索赔，对竣工结算影响很大，因此合同双方应当在合同中对该类事件慎重界定。

6.3.5　合同解除

1. 合同解除的几种情形

合同可以解除的情形有以下几项：

① 发包人、承包人协商一致时，可以解除合同。

② 发包人不按合同约定支付工程款（进度款），双方又未达成延期付款协议，导致施工无法进行时，承包人可以停止施工，由发包人承担违约责任。如果停止施工超过 56 天，发包人仍不支付工程款（进度款）时，承包人有权解除合同。

③ 承包人将其承包的全部工程转包给他人，或者肢解以后以分包的名义分别转包给他人时，发包人有权解除合同。

④ 因不可抗力致使合同无法履行时，发包人、承包人可以解除合同。

⑤ 因一方违约（包括因发包人原因造成工程停建或缓建）致使合同无法履行时，发包人、承包人可以解除合同。

2. 合同解除后双方的责任和义务

合同一方依据上述约定要求解除合同的，应以书面形式向对方发出解除合同的通知，并在发出通知前 7 天告知对方，通知到达对方时合同解除。对解除合同有争议的，双方可按有关争议的约定处理。

合同解除后，承包人应妥善做好已完工程和已购材料、设备的保护和移交工作，按发包人的要求将自有机械设备和人员撤出施工场地。发包人应为承包人的撤出提供必要条件，支付撤出所发生的费用，并按合同约定支付已完工程价款。已经订货的材料、设备由订货方负责退货或解除订货合同，不能退还的货款和因退货、解除订货合同发生的费用，由发包人承担，因未及时退货造成的损失由责任方承担。除此之外有过错的一方应当赔偿因合同解除给对方造成的损失。

合同解除后，不影响双方在合同中约定的结算和清理条款的效力。

6.3.6　合同争议的解决

合同争议，是指当事人双方对合同的订立和履行情况以及不履行合同的后果所产生的纠纷。对合同订立产生的争议，一般是对合同是否成立以及合同的效力产生分歧；对合同的履行情况产生的争议，往往是对合同是否履行或者是否按合同约定履行产生的异议；而对并不履行合同的后果产生的争议，则是对没有履行合同或者没有完全履行合同的责任，应由哪方承担和如何承担而产生的纠纷。由于当事人之间的合同是多样而复杂的，从而因合同引起相互间的权利和义务的争议是在所难免的。选择适当的解决方式，及时解决合同争议，不仅关系到当事人的合同利益和避免损失扩大，而且对维护社会经济秩序也有着重要的作用。

合同争议的解决通常有和解、调解、仲裁、诉讼四种形式。

1. 和 解

和解是指争议的合同当事人,依据有关的法律规定和合同约定,在互谅互让的基础上,经过谈判和磋商,自愿就争议事项达成协议,从而解决合同争议的一种方法。和解的特点在于不需要第三者介入,简便易行,能及时解决争议,并有利于双方的协作和合同的继续履行。但由于和解必须以双方自愿为前提,因此,当双方分歧严重,一方或双方不愿协商解决争议时,和解方式往往受到限制。和解应以合法、自愿和平等为原则。

一般情况下,和解是解决合同争议最方便、成本最低的方式。

2. 调 解

调解是争议当事人在第三方的主持下,通过其劝说引导,在互谅互让的基础上自愿达成协议,以解决合同争议的一种方式。调解也是以公平合理、自愿平等为原则。在实践中,依调解人的不同,合同的调解有民间调解、仲裁机构调解和法庭调解三种。

① 民间调解是当事人临时选任的社会组织或者个人作为调解人对合同争议进行调解。通过调解人的调解,当事人达成协议的,双方签署调解协议书,调解协议书对当事人具有与合同一样的法律约束力。

② 仲裁机构调解是当事人将其争议提交仲裁机构后,经双方当事人同意,将调解纳入仲裁程序,由仲裁庭主持进行,仲裁庭调解成功的,制作调解书,双方签字后生效,只有调解不成才进行仲裁。调解书与仲裁书具有同等的效力。

③ 法庭调解是由法院主持进行的调解。当事人将其争议提起诉讼后,可以请求法庭调解,调解成功的,法院制作调解书,调解书经双方当事人签收后生效,调解书与生效的判决书具有同等的效力。

调解解决合同争议,可以不伤和气,使双方当事人互相谅解,有利于促进合作。但这种方式受当事人自愿的限制,如果当事人不愿调解,或调解不成时,则应及时采取仲裁或诉讼的方式以最终解决合同争议。

不管是和解还是调解,均只能在双方认可的前提下才能达成一致结论。

3. 仲 裁

(1) 仲裁的概念和特点

① 仲裁的概念:仲裁是指发生争议的双方当事人,根据其在争议发生前或争议发生后所达成的协议,自愿将该争议提交中立的第三者进行裁判的争议解决制度和方式。

② 仲裁的特点:仲裁具有自愿性、专业性、灵活性、保密性、快捷性、经济性和独立性等特点。

(2) 仲裁规则

仲裁规则是指规范仲裁进行的具体程序及其相应的仲裁法律关系的程序规则。

仲裁规则可以由仲裁机构制定,某些内容甚至允许当事人自行约定,但是仲裁规则不得违反《仲裁法》中对程序方面的强制性规定。一般来说,仲裁规则由仲裁委员会自己制定。涉外仲裁机构的仲裁规则由中国国际商会制定。

（3）仲裁协议

① 仲裁协议的概念和类型:

仲裁协议是指双方当事人自愿将他们之间已经发生或者将来可能发生的合同纠纷及其他财产性权益争议提交仲裁解决的协议。仲裁协议有:仲裁条款、仲裁协议书、其他文件中包含的仲裁协议。仲裁协议应以书面形式作出。

② 仲裁协议的内容:

a. 请求仲裁必须是双方当事人共同的意思表示,必须是在双方协商一致基础上的真实意思的表示。

b. 仲裁事项,提交仲裁的争议范围。

c. 选定的仲裁委员会。

③ 仲裁协议无效:

我国《仲裁法》规定,有下列情况之一的,仲裁协议无效:

a. 约定的仲裁事项超出法律规定的仲裁范围。

b. 无民事行为能力或限制民事行为能力人订立的仲裁协议。

c. 一方采取胁迫手段迫使对方订立的仲裁协议。

（4）仲裁的执行

仲裁的执行,即仲裁裁决的强制执行,是指法院经当事人申请,采取强制性措施将裁决书的内容付诸实现的行为和程序。

4. 诉 讼

民事诉讼作为一种合同争议解决方法,是指人民法院在当事人和其他控制参与人的参加下,审理和解决民事案件的活动以及在这种活动中产生的各种民事关系的总和。在诉讼过程中,法院始终居于主导地位,代表国家行使审判权,是解决争议案件的主持者和审判者,而当事人则各自基于诉讼法所赋予的权利,在法院的主持下为维护自己的合法权益而活动。

诉讼不同于仲裁的主要特点在于,不必以当事人的相互同意为依据,只要不存在有效的仲裁协议,任何一方都可以向管辖权的法院起诉。由于合同争议往往具有法律性质,涉及当事人的切身利益,通过诉讼,当事人的权利可得到法律的严格保护,尤其是当事人出现争议后,在缺少或达不成仲裁协议的情况下,诉讼也就成了必不可少的补救手段。

6.4 施工合同风险管理

6.4.1 施工合同风险管理的重要性

1. 施工合同风险管理的意义

建设工程施工合同是建设工程的主要合同,是工程建设质量控制、进度控制、投资控制的主要依据。第一,建设市场实行的是先定价后成交的交易方式,该特性决定了建筑行业的高风险性。第二,建筑工程具有规模大、工期长、材料设备消耗大、产品固定、施工生产流动性强,以及受自然条件、地质条件和社会环境因素影响大等特点,这就决定了施工合同具有独立的特殊性、履行期限的长期性、合同内容的多样性和复杂性。第三,目前建设市场倾向于买方,竞争激烈,各施工单位为了取得施工工程,盲目降价,不公平的竞争使施工企业承担了过多的风险。因此,为了能在激烈竞争的建设市场中立于不败之地,施工企业必须重视合同风险管理,有效地降低工程风险,增加企业利润。

2. 合同风险因素

合同风险是合同中的不确定因素,它是工程风险、业主资信风险、外界环境风险的集中反映和体现。根据合同主体行为划分,它包括主观性合同风险因素和客观性合同风险因素两方面。

客观性合同风险因素:合同的客观风险是法律法规、合同条件以及国际惯例规定的,其风险责任是合同双方都无法回避的,合同一旦形成,往往无法改变。如在清单报价时,一旦中标,其综合单价施工企业是无法改变的,只能按合同约定的条件承担市场价格风险。

主观性合同风险因素:合同的主观性风险是人为因素引起的,是能通过人为因素避免或控制的合同风险。在很多的国内施工合同中,业主利用有利的竞争地位和起草合同条款的便利条件,在合同协议中通过苛刻的条件把风险隐含在合同条款中,而承包商为了急于承揽工程,对自身的权利不够明确或不敢据理力争,这样就容易导致签订不平等甚至欺骗条款,在合同签订上表现出一定的盲目性和随意性。另外,承包商受制于业主,很难体现平等性,自然增加了履行合同的风险性。

6.4.2 施工合同风险的主要表现形式

建设工程施工合同风险的客观存在是由合同的特殊性、合同履行的不稳定性、长期性、多样性、复杂性以及建筑工程的特点而决定的。常见的建设工程合同风险分为三类,即发包人(业主)资信的风险,外界环境的风险,工程本身涉及工程技术、工程承包价在履行中是赢利还是亏损及索赔和保险等方面的风险。

1．发包人（业主）资信的风险

发包人（业主）资信的风险主要是指发包人能否按照合同约定履行自己的义务，包括发包人项目手续的合法性，业主能否按照合同约定支付工程进度款、工程结算款，发包人是否是项目的真正业主以及发包人既往的履约情况，等等。

2．外界环境的风险

外界环境的风险实际是建设工程合同的客观风险，包括天灾人祸以及市场波动、国家政策和法律的变化等。如钢材、商品混凝土、沥青等主要材料的市场价格变动；国家政策和法律发生变化等影响项目的顺利实施。这些风险是法律法规、合同条件以及国际惯例规定带来的，其风险责任是合同双方无法回避的，例如 FIDIC 条款规定工程变更在 15% 的合同金额的，承包商得不到补偿；索赔事件发生后的 28 天内，承包商须提出索赔意向通知等。因此，这类风险可归类为工程变更风险、市场价格风险、时效风险等。

最高人民法院《关于建设工程价款优先受偿权问题的批复》中对承包人行使工程款优先权设置了一些限制条件：

① 消费者交付购买商品房的全部或者大部分款项后，承包人就该商品房享有的工程价款优先受偿权不得对抗买受人；

② 建筑工程价款包括承包人为建设工程应当支付的工作人员报酬、材料款等实际支出的费用，不包括承包人因发包人违约所造成的损失；

③ 建设工程承包人行使优先权的期限为 6 个月，自建设工程竣工之日或者建设工程合同约定的竣工之日起计算。

3．工程技术、经济索赔等方面的风险

工程技术、经济索赔等方面的风险主要源于建设工程施工合同履行中有关工程本身而产生的风险，如工程技术变更引发的工程量的变化，业主违约导致的经济索赔等。上述风险，业主常常会利用其有利的竞争地位和起草合同的便利条件，在合同中把相当一部分风险转嫁给承包人。主要表现有：合同存在单方面的约束性，不平衡的责权利条款，合同内缺少和有不完善的转移风险的担保、索赔、保险等条款，缺少因第三方造成工期延误或经济损失的赔偿条款，缺少对发包人驻工地代表或监理工程师工作效率低或发出错误指令的制约条款等。

6.4.3　施工合同风险的分析和对策

从建设工程施工合同的形成、履行过程来划分，建设工程施工合同风险可分为 3 个方面：

① 参与投标取得合同资格；

② 通过合同谈判进行正式签约；

③ 合同履行中的风险。

作为承包人，要充分利用有利于自己的因素，请教法律专业人士，力求使双方责、权、利关系平衡，没有苛刻的单方面约束性条件。

1. 参与投标取得合同资格阶段

施工企业在投标前要深入了解发包人（业主）的资金信用、经营作风和签订合同应当具备的相应条件。了解的主要内容应包括有关设计的施工图，是否有计划部门立项文件、土地、规划、建设许可手续，应拆迁是否已到位，"三通一平"工作是否已到位等。从侧面调查了解业主的资信情况，特别是该工程的资金到位率，如果是房地产开发单位最好应充分了解其以往工程招标签订的合同条款。在投标过程中，对招标人的招标文件进行深入研究和全面分析，正确理解招标文件，具体地、逐条地确定合同责任，吃透业主的意图和要求，全面分析投标人须知，详细勘察施工现场实地，仔细研究审查图纸，认真复核工程量，分析合同条款，并与项目经理部认真确定各个子项的单价和各项技术措施费用并制定投标策略，以减少合同签订后的风险。

有时业主会在未发中标通知书之前，提供条件苛刻的非示范文本合同草案，要求施工企业无条件全部接受，其合同条款往往把相当一部分风险转嫁给施工单位，合同中缺乏对业主的权利限制性条款和对承包商的保护性条款。由于此时施工企业所处的境地十分被动，因此要尽可能地了解各方面的可靠信息，坚持原则，运用政策法规尽可能地修改完善，规避风险。

2. 合同谈判与签约阶段

在取得建设工程合同资格后，施工企业应把主要精力转入到合同谈判与签约阶段，其主要工作是对合同文本进行审查，结合工程实际情况进行合同风险分析，并采取相应对策，最终签订有利的工程承包合同。

施工合同谈判前，承包人应明确专门的合同管理机构，如经营处，负责施工合同的审阅，根据发包人提出的要求，逐条进行研究，实施监督、管理、控制。在合同实质性谈判阶段，谈判策略和技巧是极为重要的，应以有合同谈判能力和有经验的人为主进行合同谈判。

通过合同谈判，使合同能体现双方的责、权、利关系平衡，尽量避免业主单方面苛刻的约束条件，并相应提出对业主的约束条件。虽然《合同法》赋予合同双方平等的法律地位和权利，但在实际的经济活动中，绝对的平等是不存在的。权利还要靠自己去争取，如有可能，应争取到合同文本的拟稿权。

对业主提出的合同文本，应对每个条款都作具体的商讨，切不可把自己放在被动的地位。在这个阶段可以要求具有建筑专业知识的律师参与，共同把好签约关。

3. 合同履行中的风险防范

合同签订只是双方合作的开始，合同中约定的双方权利义务以及签约目的的实现,最终要通过合同履行来完成。而合同履行是一个比较漫长的过程,在合同履行过程中,常常会出现合同部分条款的变更、合同解除甚至终止等情况。

作为施工企业,如果说在合同签订时是被动的,那么在合同签订完成、进场施工后将变为主动。作为发包人,总是希望承包人能尽快按质按量完成项目施工。因此,这时的施工企业要充分利用自己的优势,对合同履行中涉及权利义务变化的证据要积极收集,整理和完善索赔、签证资料的工作,力求使自己的权利最大化。这也是建设行业的低中标、勤签证、高索赔通行的做法。现在已经有许多施工企业、项目经理部聘请律师作为项目顾问,参与整个施工过程,在参与中解决证据收集、法律咨询和非诉讼事务的协调处理等工作,最终收到了很好的经济效果。

4. 建设工程施工合同风险防范的措施

(1) 采用施工合同洽谈权、审查权、批准权三权相对独立、相互制约的办法,减少合同中的漏洞

大中型建设工程合同一般由业主负责起草。业主为了预防施工企业在合同履行中的索赔,会特意聘请有经验的法律专家和工程技术顾问起草合同,一般质量较高,其中既隐含许多不利于承包人的风险责任条款,又利于业主反索赔的条款。因而要求施工企业的合同谈判人员在策略上应善于在合同中限制风险和转移风险,对可以免除责任的条款应研究透彻,做到心中有数,切忌盲目接受业主的某种免责条款,达到风险在双方中合理分配。对业主的风险责任条款一定要规定得具体明确。在合同谈判过程中进行有理、有利、有节的谈判显得尤为重要。施工企业可以根据项目需要聘请律师为项目顾问,参与合同的起草、谈判等工作。

(2) 加强合同履行时的全过程动态管理

对建设工程施工合同的签订进行管理,只是一个静态层面的管理,而建设工程施工合同履行时间长,产生的问题比较多,且由于施工合同管理贯穿于施工企业经营管理的各个环节,这就需要制定完善的合同管理制度。在整个施工合同履行过程中,对每一项工作,都要严格管理、妥善安排、记录清楚、手续齐全,否则会造成差错引起合同纠纷,给企业带来不应有的损失。

(3) 合理转移风险

对于可预测到的合同风险,在谈判和签订施工合同时,采取双方合理分担的方法。由于一些不可预测的风险总是存在的,所以在合同履行过程中,推行索赔制度是转移风险的有效方法,关键是要学会科学的索赔方法。科学的索赔方法在于必须熟悉索赔业务,注意索赔策略和方法,严格按合同规定要求的程度提出索赔,把开展索赔工作变为合理合法的转移工程风险的主要手段。

总之,合同一经签订,即成为合同双方的最高准则,合同中的每一条都与双方利害相关。所以在合同谈判和签订中,对可能发生的情况和各个细节问题都要考虑周到,并作明确的确定,不能存有侥幸心理。一切问题都应明确、具体地以书面形式规定,不要口头承诺和保证。合同中应体现出有效防范和化解风险措施的具体条款。

练习题

一、单选题

1. 下列不属于施工合同分析要求的是（　　）。
   A. 准确性和客观性　　　　　B. 复杂性
   C. 协调一致性　　　　　　　D. 全面性
2. 所有合同变更必须以（　　）或一定规格写明。
   A. 书面形式　　　　　　　　B. 口头形式
   C. 电子形式　　　　　　　　D. 强制形式

二、多选题

在建设工程施工合同实施的主动控制过程中往往采用的办法有（　　）。
A. 建立项目实施过程中人员控制组织
B. 建立有效的信息反馈系统
C. 详细调查并分析外部环境条件
D. 用科学的方法制订计划,做好计划可行性分析
E. 高质量地做好组织工作,使组织与目标和计划高度一致

三、问答题

1. 建设工程施工合同机构分解应履行哪些原则?
2. 合同分析作用主要表现在哪几个方面?
3. 合同争议的解决方式有哪几种?

第 **7** 章
建设工程施工索赔管理

【技能目标】

了解建筑工程施工索赔的概念、索赔产生的原因及分类；熟悉索赔程序与技巧；能初步运用法律法规进行索赔费用的计算。

【任务项目引入】

某工程下部为钢筋混凝土基础，上部安装设备。业主分别与土建、安装单位签订了基础、设备安装工程施工合同，两个承包商都编制了相互协调的进度计划。进度计划已得到批准。基础施工完毕后，设备安装单位按计划将材料及设备运进现场准备施工。经检测发现有近 1/6 的设备预埋螺栓位置偏移过大，无法安装设备，须返工处理。安装工作因基础返工而受到影响，安装单位提出索赔要求。

【任务项目实施分析】

通过学习本章内容，了解施工索赔的概念、起因及作用；熟悉施工索赔的特征及分类。

7.1 施工索赔的概念及起因

7.1.1 施工索赔的概念

1. 索赔的概念

索赔是指在合同实施过程中，合同一方因当事人不适当履行合同所规定的义务，未能保证承诺的合同条件实现而遭受损失后，向对方提出的补偿要求。索赔是双向的，承包人可以向发包人索赔，发包人也可以向承包人索赔。通常所讲的索赔，如未指明，均指承包人和发包人的索赔。

施工索赔是承包人在合同实施过程中根据合同及法律规定，对并非由于自己的

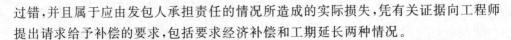

过错,并且属于应由发包人承担责任的情况所造成的实际损失,凭有关证据向工程师提出请求给予补偿的要求,包括要求经济补偿和工期延长两种情况。

2. 施工索赔的起因

在工程承包中,索赔经常发生,而且索赔额很高。引起施工索赔主要有以下几个方面的原因:

(1) 施工延期

施工延期是指由于非承包商的各种原因而造成工程进度的推迟,不能按原计划时间进行施工。大型土木工程项目在施工过程中,由于工程规模大,技术复杂,受天气、水文、地质条件等自然因素的影响,又受来自社会、政治、经济等人为因素的影响,发生施工进度延期是比较常见的。施工延期的原因有时是单一的,有时又是多种因素综合影响形成的。施工延期的事件发生后,会给承包商造成两个方面的损失:一方面是时间损失;另一方面是经济损失。因此,当出现施工延期的索赔事件时,在分清责任和损失补偿方面,合同双方往往易发生争端。常见的施工延期索赔多由于发包人征地拆迁受阻,未能及时提交施工场地,或者因气候条件恶劣,如连降暴雨,使大部分的土方工程无法开展等。

(2) 合同变更

对于建设工程项目的实施过程来说,变更是客观存在的,只是这种变更必须是在原合同工程范围内的变更,若属超出工程范围的变更,承包商有权予以拒绝。特别是当工程量变化超出招标时工程量清单的 20% 以上时,可能会导致承包商的施工现场人员不足,须另雇工人;也可能会导致承包商的施工机械设备失调,工程量增加,往往要求承包商增加新型号的施工机械设备,或增加机械设备的数量等。人工和机械设备的需求增加,则会引起承包商额外的经济支出,扩大工程成本。反之,若工程项目被取消或工程量大减,又势必会引起承包商原有人工和机械设备的窝工和闲置,造成资源浪费,导致承包商亏损。因此,在合同变更时,承包商有权提出索赔。

(3) 合同中存在矛盾和缺陷

合同中存在矛盾和缺陷常表现为合同文件规定不严谨,合同中有遗漏或错误,这些矛盾常反映为设计与施工规定相矛盾、技术规范和设计图纸不符合或相矛盾,以及一些商务和法律条款规定有缺陷等。在这种情况下,承包商应及时将这些矛盾和缺陷反馈给监理工程师,由监理工程师做出解释。若承包商执行监理工程师的解释指令后,造成施工工期延长或工程成本增加,则承包商可提出索赔要求,监理工程师应予以证明,发包人应给予相应的补偿。因为发包人是工程承包合同的起草者,应该对合同中的缺陷负责,除非其中有非常明显的遗漏或缺陷,否则依据法律或合同可以推定承包商有义务在投标时发现并及时向发包人报告。

(4) 恶劣的现场自然条件

恶劣的现场自然条件是有经验的承包商事先无法合理预料的,例如地下水、未探明的地质断层、溶洞、沉陷等,另外还有地下的实物障碍,如经承包商现场考察无法发现的、发包人资料中未提供的地下人工建筑物,地下自来水管道、公共设施、坑井、隧道、废弃的建筑物混凝土基础等,这都需要承包商花费更多的时间和金钱去克服和除掉这些障碍与干扰。因此,承包商有权据此向发包人提出索赔要求。

(5) 参与工程建设主体的多元性

由于工程参与单位多,一个工程项目往往会有发包人、总包商、监理工程师、分包商、指定分包商、材料设备供应商等众多单位参加,各方面的技术、经济关系错综复杂,相互联系又相互影响,只要一方失误,不仅会给自己带来损失,而且会影响其他合作者,给他人造成损失,从而导致索赔和争议。

以上这些问题会随着工程的逐步开展而不断暴露出来,使工程项目受到影响,导致工程项目成本和工期出现变化,这就是索赔形成的根源。因此,索赔的发生不仅是一个索赔意识或合同观念的问题,从本质上讲,索赔也是一种客观存在。

7.1.2 施工索赔的作用

索赔是合同和法律赋予正确履行合同者免受意外损失的权利,索赔是当事人保护自己、避免损失、增加利润、提高效益的一种重要手段。

索赔是落实和调整合同双方经济责、权、利关系的手段,也是合同双方风险分担的又一次合理再分配;离开了索赔,合同责任就不能全面体现,合同双方的责、权、利关系就难以平衡。

索赔是合同实施的保证。索赔是合同法律效力的具体体现,对合同双方形成约束条件,特别是能对违约者起到警戒作用。违约方必须考虑违约的后果,从而尽量减少违约行为的发生。

索赔对提高企业和工程项目管理水平起着重要的促进作用。我国承包商在许多项目上提不出或提不好索赔,与其企业管理松散混乱、计划实施不严、成本控制不力等有着直接的关系。没有正确的工程进度网络计划,就难以证明延误的发生及天数;没有完整翔实的记录,就缺乏索赔定量要求的基础。索赔是承包商维护自身正当权益的重要手段。

7.1.3 施工索赔的特征

索赔是双向的,不仅承包人可以向发包人索赔,发包人同样也可以向承包人索赔。由于实践中发包人向承包人索赔发生的频率相对较低,而且在索赔处理中,发包人始终处于主动和有利地位,对承包人的违约行为发包人可以直接从应付工程款中扣抵、扣留保留金或通过履约保函向银行索赔来实现自己的索赔要求,因此在工程实践中大量发生的、处理比较困难的是承包人向发包人的索赔,这也是工程师进行合同管理的重点内容之一。

只有实际发生了经济损失或权利损害，一方才能向另一方索赔。经济损失是指因对方因素造成合同外的额外支出，如人工费、材料费、机械费、管理费等额外开支；权利损害是指虽然没有经济上的损失，但造成了一方权利上的损害，如由于恶劣气候条件对工程进度的不利影响，承包人有权要求工期延长等。因此，发生了实际的经济损失或权利损害才是一方提出索赔的基本前提条件。

索赔是一种未经对方确认的单方行为，与我们通常所说的工程签证不同。在施工过程中，签证是承发包双方就额外费用补偿或工期延长等达成一致的书面证明材料和补充协议，可以直接作为工程款结算或最终增减工程造价的依据。而索赔则是单方面行为，对对方尚未形成约束力，这种索赔要求能否最终得到实现，必须要通过确认（如双方协商、谈判、调解或仲裁、诉讼）才能得知。

施工索赔成立的条件

7.1.4 施工索赔的分类

施工索赔从不同的角度，按不同的方法和标准，可以有多种分类方法，如表7-1所列。

表7-1 施工索赔的分类方法

分类标准	索赔类别	说　明
按索赔的目的分类	工期索赔	由于非承包人自身责任而导致施工进程延误，要求批准顺延合同工期的索赔，称之为工期索赔。工期索赔形式上是对权利的要求，以避免在原定合同竣工日不能完工时，被发包人追究拖期违约责任。一旦获得批准合同工期顺延后，承包人不仅免除了承担拖期违约赔偿费的严重风险，而且可能会因工期提前而得到奖励，最终仍反映在经济收益上
	费用索赔	费用索赔的目的是要求经济补偿。当施工的客观条件改变导致承包人开支增加时，承包人要求对超出计划成本的附加开支给予补偿，以挽回不应由其承担的经济损失
按索赔当事人分类	承包商与分包商间的索赔	这类索赔大多是有关工程量计算、变更、工期、质量和价格方面的争议，也有中断或终止合同等其他违约行为的索赔
	承包商与分包商间的索赔	其内容与前一种大致相似，但大多数是分包商向总包商索要付款和赔偿及承包商向分包商罚款或扣留支付款等
	承包商与供货商间的索赔	其内容多是商贸方面的争议，如货品质量不符合技术要求、数量短缺、交货拖延、运输损坏等

续表 7 – 1

分类标准	索赔类别	说　明
按索赔原因分类	工程延误索赔	因发包人未按合同要求提供施工条件,如未及时交付设计图纸、施工现场、道路等;或因发包人指令工程暂停或不可抗力事件等原因造成工期拖延的,承包商对此提出索赔
	工程范围变更索赔	工作范围变更索赔是指发包人和承包商对合同中规定工作理解的不同而引起的索赔。其责任和损失不如延误索赔那么容易确定,如某分项工程所包含的详细工作内容和技术要求、施工要求很难在合同文件中用语言描述清楚,设计图纸也很难对每一个施工细节的要求都说得清清楚楚。另外,设计的错误和遗漏或发包人和设计者主观意志的改变都会向承包商发布变更设计的命令。 　工作范围变更索赔很少能独立于其他类型的索赔。例如,工作范围的索赔通常导致延期索赔。如设计变更引起的工程量和技术要求的变化都可能被认为是工作范围的变化,为完成此变更可能增加时间,并影响原计划工作的执行,从而可能导致随之而来的延期索赔
	施工加速索赔	施工加速索赔经常是延期或工作范围索赔的结果,有时也被称为"赶工索赔"。而加速施工索赔与劳动生产率的降低关系极大,因此又可称为劳动生产率损失索赔。 　如果发包人要求承包商将工期提前,或者因工程前段承包商的工程拖期,要后一阶段工程的另一位承包商弥补已经损失的工期,使整个工程按期完工。这样,后一位承包商可以因施工加速而导致成本超过原计划的成本而提出索赔。其索赔的费用一般应考虑加班工资、雇用额外劳动力、采用额外设备、改变施工方法、提供额外监督管理人员和由于拥挤、干扰、加班引起的疲劳造成的劳动生产率损失等所引起的费用的增加。在国外的许多索赔案例中,通常对劳动生产率损失的索赔数额很高,但一般不易被发包人接受。这就要求承包商在提交施工加速索赔报告中提供施工加速对劳动生产率消极影响的证据
	不利现场条件索赔	不利的现场条件是指合同图纸和技术规范中所描述的条件与实际情况有实质性的不同,或者是合同中虽未做描述,但是一个有经验的承包商也无法预料的情况。这种情况一般是指地下的水文、地质条件,但也包括某些隐藏着的不可知的地面条件。 　不利现场条件索赔近似于工作范围索赔,然而又与大多数工作范围索赔不同。不利现场条件索赔应归咎于确实不易预知的某个事实,如现场的水文、地质条件在设计时全部弄得一清二楚几乎是不可能的,只能根据某些地质钻孔和土样试验资料来分析和判断。要对现场进行彻底全面的调查将会耗费大量的成本和时间,一般发包人不会这样做,承包商在较短的投标报价的时间内更不可能做这种现场调查工作。这种不利现场条件的风险由发包人来承担是合理的

分类标准	索赔类别	说　明
按索赔合同依据分类	合同内索赔	此种索赔是以合同条款为依据，在合同中有明文规定的索赔，如工期延误、工程变更、工程师提供的放线数据有误、发包人不按合同规定支付进度款等。这种索赔由于在合同中有明文规定，往往容易成功
	合同外索赔	此种索赔在合同文件中没有明确的叙述，但可以根据合同文件的某些内容合理推断出可以进行此类索赔，而且此类索赔并不违反合同文件的其他任何内容。例如，在国际工程承包中，当地货币贬值可能给承包商造成损失，对于合同工期较短的工程，合同条件中可能没有规定如何处理。但当由于发包人原因使工期拖延，而又出现汇率大幅度下跌时，承包商可以提出这方面的补偿要求
	道义索赔（又称额外支付）	道义索赔是指承包商在合同内或合同外都找不到可以索赔的合同依据或法律根据，因而没有提出索赔的条件和理由，但承包商认为自己有要求补偿的道义基础，从而对其自身遭受的损失提出具有优惠性质的补偿要求，即道义索赔。道义索赔的主动权在发包人手中，发包人在4种情况下可能会同意并接受这种索赔：第一，若另找其他承包商，费用会更高；第二，为了树立自身的形象；第三，出于对承包商的同情和信任；第四，谋求与承包商相互理解或更长久的合作
	单项索赔	单项索赔是针对某一干扰事件提出的，在影响原合同正常运行的干扰事件发生时或发生后，由合同管理人员立即进行处理，并在合同规定的索赔有效期内向发包人或监理工程师提交索赔要求和报告。单项索赔通常原因单一、责任单一，分析起来相对容易，由于涉及的金额一般较小，所以双方容易达成协议，处理起来也比较简单。因此，合同双方应尽可能地用此种方式来处理索赔
	综合索赔	综合索赔又称一揽子索赔，一般在工程竣工前和工程移交前，承包商将工程实施过程中因各种原因未能及时解决的单项索赔集中起来进行综合考虑，提出一份综合索赔报告，由合同双方在工程交付前后进行最终谈判，以一揽子方案解决索赔问题。在合同实施过程中，有些单项索赔问题比较复杂，不能立即解决，为了不影响工程进度，经双方协商同意后留待以后解决。这些索赔中有的是发包人或监理工程师对某项索赔采用拖延的办法，迟迟不做答复，使索赔谈判旷日持久；还有的是承包商因自身原因，未能及时采用单项索赔方式等，都有可能出现一揽子索赔。由于在一揽子索赔中许多干扰事件交织在一起，影响因素比较复杂而且相互交叉，责任分析和索赔值计算都很困难，索赔涉及的金额往往又很高，双方都不愿或不容易做出让步，使索赔的谈判和处理都很困难。因此，综合索赔的成功率比单项索赔的成功率要低得多

7.2　施工索赔的程序与技巧

7.2.1　施工索赔的程序

1. 发出索赔意向通知

索赔事件发生后,承包商应在合同规定的时间内,及时向发包人或工程师书面提出索赔意向通知,即向发包人或工程师就某一个或若干个索赔事件表示索赔愿望、要求或声明保留索赔的权利。索赔意向的提出是索赔工作程序中的第一步,其关键是抓住索赔机会,及时提出索赔意向。如果承包商没有在合同规定的期限内提出索赔意向或通知,承包商则会丧失在索赔中的主动和有利地位,发包人和工程师也有权拒绝承包商的索赔要求,这是索赔成立的有效和必备条件之一。因此,在实际工作中,承包商应避免合理的索赔要求由于未能遵守索赔时限的规定而导致无效。一般情况下,索赔意向通知仅仅是表明意向,应写得简明扼要,涉及索赔内容但不涉及索赔数额。

2. 收集索赔证据

索赔证据是关系到索赔成败的重要文件之一,在建设工程施工索赔过程中,应注重对索赔证据的收集。否则即使抓住了合同履行中的索赔机会,但拿不出索赔证据或证据不充分,则索赔往往也难以成功或大打折扣。或者是拿出的证据漏洞百出,前后自相矛盾,经不起对方的推敲和质疑,不仅不能促进本方索赔成功,反而会被对方作为反索赔的证据,使承包商在索赔问题上处于极为不利的地位。因此,收集有效的证据是做好索赔管理不可忽视的一部分。

施工索赔所需证据可从下列资料中收集:

① 施工日志。应指定有关人员现场记录施工中发生的各种情况,包括天气、出工人数、设备数量及使用情况、进度情况、质量情况、安全情况、监理工程师在现场有什么指示、进行了什么试验、有无特殊干扰施工的情况、遇到了什么不利的现场条件、多少人员参观了现场等。这种现场记录和日志有利于及时发现和正确分析索赔,可能成为索赔的重要证明材料。

② 来往信件。对与监理工程师、发包人和有关政府部门、银行、保险公司的来往信函,必须认真保存,并注明发送和收到的详细时间。

③ 气象资料。在分析进度安排和施工条件时,天气是应考虑的重要因素之一,因此,保存一份真实、完整、详细的天气情况记录非常重要,包括气温、风力、湿度、降雨量、暴风雪、冰雹等。

④ 备忘录。承包商对监理工程师和发包人的口头指示与电话应随时进行书面记录,并签字给予书面确认。事件发生和持续过程中的重要情况也应有记录。

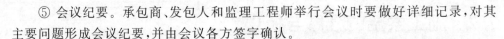

⑤ 会议纪要。承包商、发包人和监理工程师举行会议时要做好详细记录,对其主要问题形成会议纪要,并由会议各方签字确认。

⑥ 工程照片和工程声像资料。这些资料都是反映工程客观情况的真实写照,也是法律承认的有效证据,对重要工程部位应拍摄有关资料并妥善保存。

⑦ 工程进度计划。承包商编制的经监理工程师或发包人批准同意的所有工程总进度计划、年进度计划、季进度计划、月进度计划都必须妥善保管。任何有关工期延误的索赔中,进度计划都是非常重要的证据。

⑧ 工程核算资料。所有人工、材料、机械设备使用台账,工程成本分析资料,会计报表,财务报表,货币汇率,现金流量,物价指数及收付款票据,都应分类装订成册,这些都是进行索赔费用计算的基础。

⑨ 工程报告。包括工程试验报告、检查报告、施工报告、进度报告及特别事件报告等。

⑩ 工程图纸。工程师和发包人签发的各种图纸,包括设计图、施工图、竣工图及其相应的修改图,承包商应注意对照检查和妥善保存。对于设计变更索赔,原设计图和修改图的差异是索赔的最有利证据。

⑪ 招投标阶段有关现场的考察资料、各种原始单据(工资单、材料设备采购单)、各种法规文件和证书证明等,都应积累保存,它们都有可能是某项索赔的有利证据。

3. 编写索赔报告

索赔报告是指在合同规定的时间内,承包商向监理工程师提交的要求发包人给予一定经济补偿和延长工期的正式书面报告。索赔报告的水平与质量如何,直接关系到施工索赔的成败与否。建设工程施工索赔报告包括以下三部分内容:

第一部分,承包商或其他授权人发至发包人或工程师的信。建设工程承包商或其他授权人致发包人或工程师的信中应简要介绍索赔的事项、理由和要求,说明随函所附的索赔报告正文及证明材料情况等。

第二部分,正文。建设工程索赔报告的正文一般包括以下内容:

① 题目。简要地说明针对什么提出索赔。

② 索赔事件陈述。叙述事件的起因、事件经过、事件过程中双方活动及事件结果,重点叙述我方按合同所采取的行为和对方不符合合同的行为。

③ 理由。总结上述事件,同时引用合同条文或合同变更和补充协议条文,证明对方行为违反合同或对方的要求超过合同规定,造成了该项事件,对方有责任对此造成的损失做出赔偿。

④ 影响。简要说明事件对承包商施工过程的影响,而这些影响与上述事件有直接的因果关系。重点围绕由于上述事件造成的成本增加和工期延长。

⑤ 结论。对上述事件的索赔问题做最后总结,提出具体索赔要求,包括工期索赔和费用索赔。

第三部分,附件。包括该报告中所列举的事实、理由、影响的证明文件和各种计算基础及计算依据的证明文件。

4. 提交索赔报告

索赔意向通知提交后的 28 天内,或工程师可能同意的其他合理时间,承包人应提交正式的索赔报告。

如果索赔事件的影响持续存在,28 天内还不能算出索赔额和工期展延天数时,承包人应按工程师合理要求

编写索赔报告的要求

的时间间隔(一般为 28 天),定期陆续报出每一个时间段内的索赔证据资料和索赔要求。在该项索赔事件的影响结束后的 28 天内,报出最终详细报告,提出索赔论证资料和累计索赔额。

承包人发出索赔意向通知后,可以在工程师指示的其他合理时间内再报送正式索赔报告,也就是说,工程师在索赔事件发生后有权不马上处理该项索赔。如果事件发生时,现场施工非常紧张,工程师不希望立即处理索赔而分散各方抓施工管理的精力,可通知承包人将索赔的处理留待施工不太紧张时再去解决。但承包人的索赔意向通知必须在事件发生后的 28 天内提出,包括因对变更估价双方不能取得一致意见,而先按工程师单方面决定的单价或价格执行时,承包人提出的保留索赔权利的意向通知。如果承包人未能按时间规定提出索赔意向和索赔报告,则失去了就该项事件请求补偿的索赔权利。此时承包人所受到损害的补偿,将不超过工程师认为应主动给予的补偿额。

5. 工程师审查索赔报告

施工索赔的提出与审查过程,是当事双方在承包合同的基础上,逐步分清在某些索赔事件中的权利和责任以使其数量化的过程。作为发包人或工程师,应明确审查目的和作用,掌握审查内容和方法,处理好索赔审查中的特殊问题,促进工程的顺利进行。

(1) 工程师审核承包人的索赔申请

接到承包人的索赔意向通知后,工程师应建立自己的索赔档案,密切关注事件的影响,在检查承包人的同期记录时,随时就记录内容提出不同意见或希望应予以增加的记录项目。

在接到正式索赔报告以后,认真研究承包人报送的索赔资料。首先,在不确认责任归属的情况下,客观分析事件发生的原因,重温合同的有关条款,研究承包人的索赔证据,并检查承包人的同期记录;其次,通过对事件的分析,工程师再依据合同条款划清责任界限,必要时还可以要求承包人进一步提供补充资料。尤其是承包人与发包人或工程师都负有一定责任的事件,更应划出各方应该承担合同责任的比例。最后审查承包人提出的索赔补偿要求,剔除其中的不合理部分,拟定自己计算的合理索

赔数额和工期顺延天数。

(2) 判定索赔是否成立

工程师判定承包人索赔成立的条件包括以下几项：

① 与合同相对照,事件已造成承包人施工成本的额外支出,或总工期延误。

② 造成费用增加或工期延误的原因,按合同约定不属于承包人应承担的责任,包括行为责任或风险责任。

③ 承包人按合同规定的程序提交了索赔意向通知和索赔报告。

(3) 索赔报告审查内容

工程师对索赔报告的审查主要包括以下几个方面的内容:

① 事态调查。通过对合同实施的跟踪、分析,了解索赔事件的前因后果,掌握事件的详细情况。

② 损害事件原因分析。工程师对损害事件的原因分析包括:主要索赔事件由何种原因引起和责任应由谁来承担。在实际工作中,损害事件的责任有时是多方面原因造成的,故必须进行责任分解,划分责任范围,按责任大小承担损失。

③ 分析索赔理由。工程师对索赔事件进行分析,主要是依据合同文件,判明索赔事件是否属于未履行合同规定义务或未正确履行合同义务导致,是否在合同规定的赔偿范围内。只有符合合同规定的索赔要求才有合法性,才能成立。

④ 实际损失分析。工程师对实际损失的分析,即分析索赔事件的影响,主要表现为工期延长和费用增加。如果索赔事件未造成损失,则无索赔可言。损失调查的重点是分析、对比实际和计划的施工进度与工程成本和费用方面的资料,在此基础上核算索赔值。

⑤ 证据资料分析。工程师对证据资料的分析,主要分析其有效性、合理性和正确性,这也是索赔要求有效的前提条件。如果在索赔报告中提不出证明其索赔理由、索赔事件影响、索赔值计算等方面的详细资料,则索赔要求是不能成立的。

6. 解决索赔争端

工程师与承包人双方各自依据对这一事件的处理方案进行友好协商,如果双方对该索赔事件的责任、索赔金额或工期拖延天数等产生较大分歧,通过谈判达不成共识时,工程师有权确定一个其认为合理的单价为最终的处理意见,报送业主并通知相应承包人。

发包人根据事件发生的原因、责任范围、合同条款审核承包人的索赔申请和工程师的处理报告,决定是否批准工程师的索赔报告。

如果承包人同意最终的索赔决定,则索赔事件宣告结束;反之,如果承包人不接受工程师的单方面决定(或业主删减的索赔金额或工期延长天数),就会导致合同纠纷,产生争议。

建设工程施工索赔程序见图 7-1。

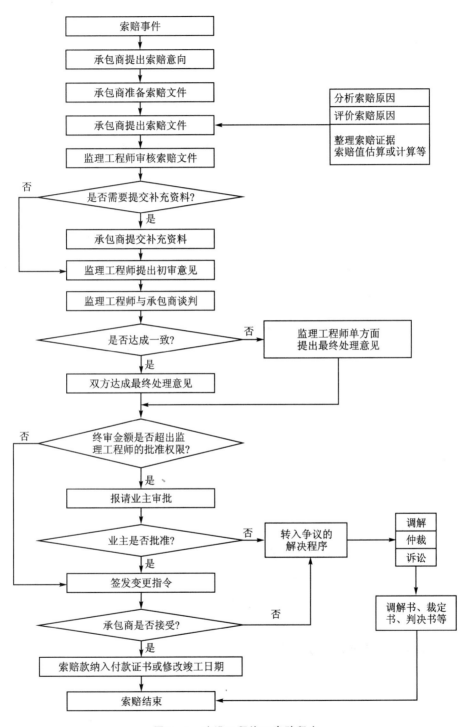

图 7 - 1　建设工程施工索赔程序

7.2.2　施工索赔的技巧

要做好索赔工作,除了认真编写好索赔文件,使之提出的索赔项目符合实际、内容充实、证据确凿、有说服力、索赔计算准确,并严格按索赔的规定和程序办理外,还必须掌握索赔技巧,这对索赔成功十分重要。同样性质和内容的索赔,如果方法不当,技巧不高,就容易给索赔工作增加新的困难,甚至导致事倍功半的结果。反之,如果方法得当,技巧高明,一些看起来似乎很难索赔的项目,也能获得比较满意的结果。因此,要做好索赔工作,除了要做到有理、有据、按时外,掌握一些索赔的技巧也是很重要的。索赔技巧因人、因客观环境条件而异,现提出以下几点见解。

1. 要善于创造索赔机会

有经验的承包人,在投标报价时就应考虑将来可能要发生的索赔事件,要仔细研究招标文件中的合同条款和规范,仔细勘察施工现场,探索可能出现的索赔机会,在报价时要考虑索赔的需要。在进行单价分析时,应列入生产工效,把工程成本与投入资源的工效结合起来。这样,在施工过程中论证索赔原因时,可引用工效降低来论证索赔的根据。在索赔谈判中,如果没有生产工效降低的资料,则很难说服工程师和发包人,索赔不仅无成功的可能,反而可能被认为生产工效的降低是承包人施工组织不好而导致的。

2. 商签好合同协议

在商签合同过程中,承包人应对明显将重大风险转嫁给承包人的合同条件提出修改的要求,对其达成修改的协议应以"谈判纪要"的形式写出,作为该合同文件的有效组成部分。对发包人免责的条款应特别注意,如:合同中不列索赔条款;拖期付款无时限、无利息;没有调价公式;发包人认为对某部分工程不够满意,即有权决定扣减工程款;发包人对不可预见的工程施工条件不承担责任等。如果这些问题在签订合同协议时不协商清楚,承包人就很难有索赔的机会。

3. 对口头变更指令要得到确认

监理工程师常常用口头指令做出变更要求,此种情形下如果承包人不对监理工程师的口头指令予以书面确认,就进行变更工程的施工,之后如果监理工程师矢口否认,拒绝承包人的索赔要求,将使承包人有苦难言。

4. 及时发出"索赔通知书"

一般合同规定,索赔事件发生后的一定时间内,承包人必须送出"索赔通知书",过期无效。

5. 索赔事件论证要充足

承包合同通常规定,承包人在发出"索赔通知书"后,每隔一定时间(28 天),应报送一次证据资料,在索赔事件结束后的 28 天内报送总结性的索赔计算及索赔论证,提交索赔报告。索赔报告一定要令人信服,经得起推敲。索赔的成功很大程度上取决于承包人对索赔作出的解释和强有力的证据材料。因此,承包人在正式提出索赔报告前,必须保证索赔证据详细完整,这就要求承包人注意记录和积累保存以下资料:施工日志;来往文件;气象资料;备忘录;会议纪要;工程照片;工程声像资料;工程进度计划;工程核算资料;工程图纸;招投标文件。

6. 索赔计价方法和款额要适当

索赔计算时采用"附加成本法"容易被对方接受,因为这种方法只计算索赔事件引起的计划外的附加开支,计价项目具体,使经济索赔能较快得到解决。索赔计价不能过高,要价过高容易让对方反感,使索赔报告被束之高阁,长期得不到解决。另外还有可能让发包人准备周密的反索赔计价,以高额的反索赔对付高额的索赔,使索赔工作更加复杂化。

7. 力争单项索赔,避免总索赔

单项索赔事件简单,容易解决,而且能及时得到支付。总索赔问题复杂,金额大,不易解决,往往到工程结束后还得不到赔付。

8. 坚持采用"清理账目法"

承包人往往只注意接受发包人对某项索赔的当月结算索赔款,而忽略了该项索赔款的余额部分,没有以文字的形式保留自己今后获得余额部分的权利,等于同意并承认了发包人对该项索赔的付款,以后对余额再无权追索。因为在索赔支付过程中,承包人和工程师在确定新单价和工程量方面经常存在不同意见。按合同规定,监理工程师有决定单价的权利,如果承包人认为监理工程师的决定不尽合理,而坚持自己的要求时,可同意接受监理工程师决定的"临时单价"或"临时价格"付款,先拿到一部分索赔款,对其余不足部分,则书面通知监理工程师和业主,作为索赔款的余额,保留自己的索赔权利,否则将失去将来要求对方付款的权利。

9. 力争友好解决,防止对立情绪

在索赔时出现争端是难免的,如果遇到争端不能理智协商讨论问题,有可能导致发包人拒绝谈判,使谈判旷日持久,这是最不利索赔问题解决的。因此,在索赔谈判时,承包人要头脑冷静,营造和谐的谈判气氛,防止对立情绪,力争友好地解决索赔争端。

10. 注意同监理工程师搞好关系

监理工程师是处理解决索赔问题的公正的第三方,索赔必须取得监理工程师的认可,注意同监理工程师搞好关系,争取监理工程师的公正裁决,竭力避免仲裁或诉讼。

7.3 施工索赔的计算

7.3.1 工期索赔的计算

在工程施工中,常常会发生一些未能预见的干扰事件使施工不能顺利进行,造成工期延长,给合同双方都造成损失。承包人提出工期索赔的目的通常有两个:一是免去自己对已产生的工期延长的合同责任,使自己不支付或尽可能不支付工期延长的罚款;二是进行因工期延长而造成的费用损失的索赔。在工期索赔中,首先要确定索赔事件的发生引发的施工活动的变化;其次是分析施工活动变化对总工期造成的影响。计算工期索赔一般采用分析法,其主要依据合同规定的总工期计划、进度计划,以及双方共同认可的对工期的修改文件,调整计划和受干扰后实际工程进度记录,如施工日记、工程进度表等。承包人应在每个月底以及在干扰事件发生时,分析对比上述资料,以发现工期拖延及拖延的原因,提出有说服力的索赔要求。分析法又分为网络图分析法和对比分析法两种。

1. 网络图分析法

网络图分析法是利用进度计划的网络图,分析其关键线路,如果延误的工作为关键工作,则延误的时间为索赔的工期;如果延误的工作为非关键工作,当该工作由于延误超过时差限制而成为关键工作时,可以索赔延误时间与时差的差值;若该工作延误后仍为非关键工作,则不存在工期索赔问题。可以看出,网络图分析法要求承包人切实使用网络技术进行进度控制,才能依据网络计划提出工期索赔。按照网络图分析法得出的工期索赔值是科学合理的,容易得到认可。

2. 对比分析法

对比分析法比较简单,适用于索赔事件仅影响单位工程或分部分项工程的工期,由此计算对总工期的影响。对比分析法的计算公式为:总工期索赔=(额外或新增工程量价格/原合同价格)×原合同总工期。

7.3.2 费用索赔的计算

费用索赔都是以补偿实际损失为原则,实际损失包括直接损失和间接损失两个方面。其中要注意的一点是索赔对发包人不具有任何惩罚性质。因此,所有干扰事件引起的损失以及这些损失的计算,都应有详细的具体证明,并在索赔报告中出具这些证据。没有证据,则索赔要求不能成立。

1. 索赔费用的组成

索赔费用一般包括以下几项:

① 人工费。人工费包括额外雇用劳务人员、加班工作、工资上涨、人员闲置和劳动生产率降低导致的工时增加所支出的费用。

② 材料费。材料费包括由于索赔事项的材料实际用量超过计划用量而增加的材料费；由于客观原因导致材料价格大幅度上涨的费用；由于非承包人责任的工程延误所导致的材料价格上涨和材料超期储存的费用。

③ 施工机械使用费。施工机械使用费包括由于完成额外工作增加的机械使用费；非承包人责任的工效降低增加的机械使用费；由于发包人或工程师原因导致机械停工的窝工费。

④ 现场管理费。现场管理费包括工地的临时设施费、通信费、办公费、现场管理人员和服务人员的工资等。

⑤ 公司管理费。公司管理费是承包人的上级主管部门提取的管理费，如公司总部办公楼折旧费，总部职员工资、交通差旅费，通信广告费等。公司管理费无法直接计入具体合同或某项具体工作中，只能按一定比例进行分摊。公司管理费与现场管理费相比，数额较为固定，一般仅在工程延期和工程范围变更时才允许索赔公司管理费。

⑥ 融资成本、利润与机会利润损失。融资成本又称资金成本，即取得和使用资金所付出的代价，其中最主要的是支付资金供应者利息。利润是完成一定工程量的报酬，因此在工程量增加时可索赔利润。不同的国家和地区对利润的理解和规定也不同，有的将利润归入公司管理费中，则不能单独索赔利润。机会利润损失是由于工程延期和合同终止使承包人失去承揽其他工程的机会而造成的损失。在某些国家和地区，是可以索赔机会利润损失的。

2. 索赔费用的计算原则和计算方法

在确定赔偿金额时，应遵循两个原则：第一，所有赔偿金额，都应该是承包人为履行合同所必须支出的费用；第二，按此金额赔偿后，应使承包人恢复到未发生事件前的财务状况，即承包人不致因索赔事件而遭受任何损失，但也不得因索赔事件而获得额外收益。根据上述原则可以看出，索赔金额是用于赔偿承包人因索赔事件而受到的实际损失（包括支出的额外成本而失掉的可得利润）。所以索赔金额计算的基础是成本，用索赔事件影响所发生的成本减去事件影响时所应有的成本，其差值即为赔偿金额。索赔金额的计算方法很多，各个工程项目都可能因具体情况不同而采用不同的方法。常用的方法主要有三种：

① 总费用法。总费用法又称总成本法，就是计算出索赔工程的总费用，减去原合同报价时的成本费用，即得索赔金额。这种计算方法简单但不尽合理，一方面是因为实际完成工程的总费用中，可能包括由于承包人的原因（如管理不善、材料浪费、效率太低等）所增加的费用，而这些费用是属于不该索赔的；另一方面是原合同价也可能因工程变更或单价合同中的工程量变化等原因而不能代表真正的工程成本。所以

采用此法往往会引起争议,遇到障碍。但是在某些特定条件下,当需要具体计算索赔金额很困难,甚至不可能时,则也有采用此法的。在这种情况下,应具体核实已开支的实际费用,取消其不合理部分,以求接近实际情况。

② 修正总费用法。修正总费用法是指对难以用实际总费用进行审核的,可以考虑是否能计算出与索赔事件有关的单项工程的实际总费用和该单项工程的投标报价。若可行,可按其单项工程的实际费用与报价的差值来计算其索赔的金额。

③ 实际费用法。实际费用法即根据索赔事件所造成的损失或成本增加,按费用项目逐项进行分析、计算索赔金额的方法。这种方法比较复杂,但能客观地反映承包人的实际损失,比较合理,易于被当事人接受,在国际工程中被广泛采用。实际费用法是按每个索赔事件所引起的损失的费用项目分别分析、计算索赔值的一种方法。此法通常分三步:第一步,分析每个或每类索赔事件所影响的费用项目,不得有遗漏,这些费用项目通常应与合同报价中的费用项目一致;第二步,计算每个费用项目受索赔事件影响的数值,通过与合同价中的费用价值进行比较即可得到该项费用的索赔值;第三步,将各费用项目的索赔值汇总,得到总费用索赔值。

练习题

案例分析题

【案例一】

某施工单位通过对某工程的投标,获得该工程的承包权,并与建设单位签订了施工总价合同。在施工过程中发生了以下事件:

事件一:在进行基础施工时,建设单位负责供应的钢筋混凝土预制桩供应不及时,使该工期延误了4天。

事件二:建设单位因资金困难,在应支付工程月进度款的时间内未支付,导致承包方停工10天。

事件三:在主体施工期间,施工单位与某材料供应商签订了室内隔墙板供销合同,双方在合同内约定:如供方不能按约定时间供货,每天赔偿订购方合同价万分之五的违约金。供货方因原材料问题未能按时供货,拖延8天。

事件四:施工单位根据合同工期要求,冬期继续施工,在施工过程中,施工单位为保证施工质量,采取了多项技术措施,由此造成额外的费用开支共20万元。

事件五:施工单位进行设备安装时,因业主选定的设备供应商接线错误造成设备损坏,使施工单位安装调试工作延误5天,损失12万元。

结合上述案例回答下列问题:

(1) 以上各事件中,施工单位延误的工期和增加的费用应由谁来承担?请说明理由。

（2）索赔按索赔当事人分类可分为哪几类？

【案例二】

某工程采用固定单价承包形式的合同,在施工合同专用条款中明确了组成本合同的文件及优先解释顺序如下:① 本合同协议书;② 中标通知书;③ 投标书及附件;④ 本合同专用条款;⑤ 本合同通用条款;⑥ 标准、规范及有关技术文件;⑦ 图纸;⑧ 工程量清单;⑨工程报价单或预算书。合同履行中,发包人、承包人有关工程的洽商、变更等书面协议或文件视为本合同的组成部分。在实际施工过程中,发生了以下事件:

事件一:因发包人未按合同规定交付全部施工场地,致使承包人停工 20 天。承包人提出将工期延长 20 天及停工损失人工费、机械闲置费等 3.6 万元的索赔。

事件二:本工程开工后,钢筋价格由原来的 3700 元/吨上涨到 4000 元/吨,承包人经过计算,认为中标的钢筋制作安装的综合单价每吨亏损 300 元,承包人在此情况下向发包人提出请求,希望发包人考虑市场因素,酌情给予补偿。

结合上述案例回答下列问题:

（1）承包人就事件一提出的工期延长和费用索赔的要求,是否符合本合同文件的内容约定？

（2）承包人就事件二提出的要求能否成立？为什么？

参考文献

[1] 郑文新,唐寻.工程招投标与合同管理实务[M].北京:北京大学出版社,2011.

[2] 宋晓东.建设工程招标投标与合同管理[M].厦门:厦门大学出版社,2013.

[3] 谷学良.建设工程招标投标与合同管理[M].北京:中国建材工业出版社,2013.

[4] 杨益民,侯文婷.工程项目招投标与合同管理[M].哈尔滨:哈尔滨工程大学出版社,2019.

[5] 全国一级建造师执业资格考试用书编写委员会.建设工程项目管理(全国一级建造师执业资格考试用书)[M].4版.北京:中国建筑工业出版社,2014.

[6] 全国二级建造师执业资格考试用书编写委员会.建设工程项目管理(全国二级建造师执业资格考试用书)[M].4版.北京:中国建筑工业出版社,2014.

[7] 中华人民共和国住房和城乡建设部,中华人民共和国国家工商行政管理总局.建设工程施工合同(示范文本)(GF-2017-0201).